MATHEMATISCHE Wundertüte

Charles Snape und Heather Scott

Ernst Klett Verlag
Stuttgart Düsseldorf Leipzig

Die englische Originalausgabe erschien unter dem Titel "How amazing"

Aus dem Englischen übersetzt von Sabine Lorenzen, Rottenburg/Oberndorf

Bildquellenverzeichnis:

8	1995 M. C. Escher/Cordon Art-Baarn, Holland
26.1	Britain on View
26.2	British Library, London
33.1	aus: Strand Magazine, The castle in the forest
33.2	London Regional Transport, London
38	Aerofilms, Borehamwood
41	aus: Chad Valley, Busy Bees
48	The Longleat Estate

Die Deutsche Bibliothek – CIP-Einheitsaufnahme

Ein Titeldatensatz für diese Publikation ist bei
der Deutschen Bibliothek erhältlich

1. Auflage 1 10 9 8 7 6 | 2012 2011 2010 2009 2008

Alle Drucke dieser Auflage können im Unterricht nebeneinander benutzt werden. Sie sind untereinander unverändert. Die letzte Zahl bezeichnet das Jahr dieses Druckes.

Internetadresse: http://www.klett.de
Umschlaggestaltung: Dieter Gebhardt, Asperg
Satz: Fotosatz Kaufmann, Stuttgart
Druck:
Printed in Germany
ISBN 3-12-722780-9

Inhalt

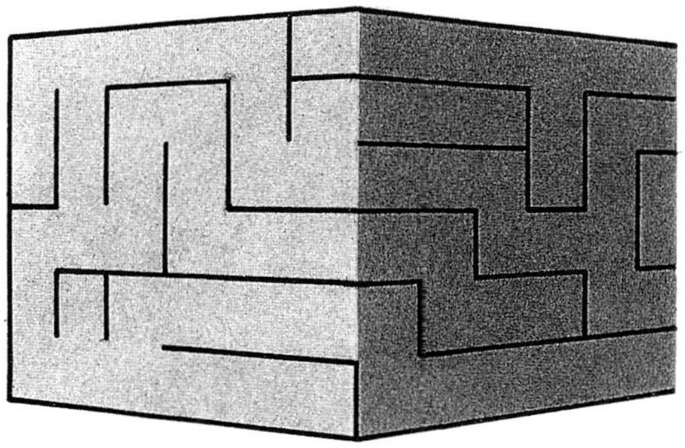

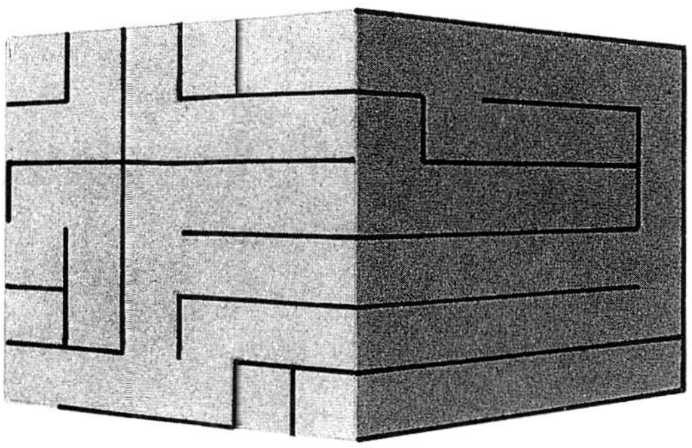

Theseus und der Minotaurus

Die Babylonier lebten in Mesopotamien. Zur Faszination von Irrgärten und Labyrinthen trägt auch mit bei, aufzuspüren, wann und wo sie entstanden sind.
Die Legende von Theseus, dem Minotaurus und dem unterirdischen Labyrinth ist berühmt. Münzen aus Knossos, von der Insel Kreta, zeigen Labyrinthmuster. Schlängelmustern sprach man auch glücksbringende Eigenschaften zu. Sie wurden beliebte Motive für römische Mosaike. Vielleicht reizt es Dich nun, Deine eigenen Schlängelmuster zu entwerfen oder mehr über solche Muster in der griechischen und römischen Kunst herauszufinden.

Das obere Muster eines Irrgartens wurde im Palast von Knossos entdeckt.
Unten siehst Du das übliche Labyrinthmuster. Es stammt von einer um 67 v. Chr. geprägten Münze aus Kreta. Ähnlichen Mustern kann man überall in Europa begegnen.

Theseus war der Sohn von Aigeus, dem König von Athen, und Aithra, der Tochter des Königs von Troizen. Seine Kindheit verbrachte er in Troizen. Als er das entsprechende Alter erreicht hatte, reiste er nach Athen, um sich seinem Vater vorzustellen.
In Athen mußte er erfahren, daß König Minos von Kreta die Athener zwang, jeweils sieben junge Männer und Frauen im Alter von neun Jahren auf seine Insel zu schicken. Sie sollten dort dem Minotaurus zum Fraß vorgeworfen werden, einer schrecklichen Kreatur aus Stierkopf und menschlichem Körper, die in einem Labyrinth, einem riesigen unterirdischen Irrgarten unter König Minos Palast in Knossos lebte. Theseus beschloß, seine Gefährten vor diesem schrecklichen Schicksal zu bewahren, notfalls unter Einsatz seines Lebens. Er überredete seinen Vater, den König von Athen, ihn als eines der Opfer ziehen zu lassen. Er segelte auf einem Schiff mit schwarzen Segeln nach Kreta, versprach aber seinem Vater, im Falle einer erfolgreichen Heimkehr, weiße Segel zu hissen.
Als die sieben Männer und sieben Frauen Kreta erreichten, wurden sie vor König Minos geführt. Da verliebte sich Ariadne, die Tochter des Königs, in Theseus. Als die Zeit für Theseus gekommen war ins Labyrinth geführt zu werden, gab ihm Ariadne heimlich ein Schwert und eine Garnrolle.
Theseus befestigte ein Ende der Schnur am Eingang und entrollte den Faden auf seinem Weg durch das Labyrinth. In dessen Mitte traf er auf den Minotaurus, besiegte ihn und fand anschließend, dem Faden folgend, sicher zum Ausgang zurück.
Die Nachricht vom Tod des Minotaurus wurde von den Kretern freudig begrüßt, die sich nun gegen ihren König Minos wandten. Im Verlauf dieses Aufstandes konnte Theseus mit Ariadne von Kreta fliehen. Auf ihrem Heimweg nach Athen pausierten sie auf der Insel Naxos, wo Theseus während der Nacht durch magischen Zauber mit Vergessen belegt wurde. So segelte er am nächsten Morgen davon und ließ die schlafende Ariadne zurück.
Tragischerweise vergaß Theseus auch die schwarzen Segel des Schiffes gegen weiße auszutauschen. Als sich das Schiff der Küste Athens näherte, dachte der alte König, daß sein Sohn bei dem Versuch den Minotaurus zu besiegen getötet worden sei, und stürzte sich von den Felsen in den Tod. So wurde Theseus der nächste König von Athen.

Entwerfe Muster

Zeichne eine Fliese, die sich aus genau zwei Teilen zusammensetzt. Vergewissere Dich, daß die Trennlinie genau von einer Seite zu der gegenüberliegenden Seite führt.

Z.B. eine 4 x 4-Fliese oder eine 5 x 4-Fliese ...

Nun wiederhole Dein Fliesenmuster in einer Reihe.

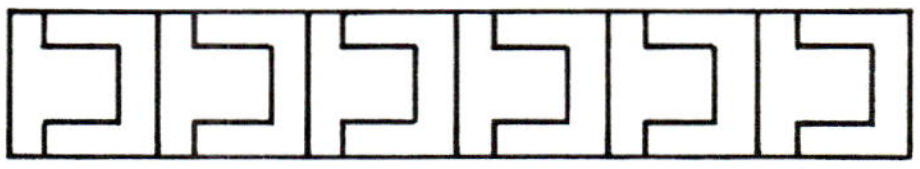

Verwandle den Entwurf in ein ineinandergreifendes Muster, indem Du eine Hälfte der ersten Fliese mit einer Farbe anmalst. Gleiche Fliesenhälften der folgenden Fliesen wechseln immer in der Farbe. Schließlich sollten die vorderen Hälften benachbarter Fliesen unterschiedliche Farben aufweisen.

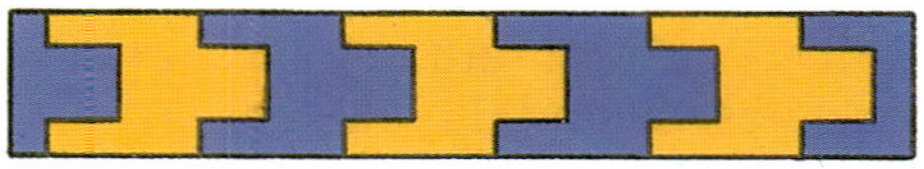

Eine 5 x 4-Fliese könnte so aussehen.

Wenn Du ohne Schwierigkeiten ineinandergreifende Muster zeichnen kannst, läßt Du Dich vielleicht auch noch von komplizierteren Mustern mit größeren Fliesen, die aus mehr Quadraten bestehen, herausfordern.

Diese Fliesen können linienförmig miteinander in Verbindung stehen, oder auch, wie unten, größere Flächen überziehen.

Kirchenlabyrinthe

Zweieinhalb Jahrtausende nachdem den legendären Minotaurus das Schicksal ereilte, kam ein neuer Typ des Irrgartens auf, das Kirchenlabyrinth. Dies war meistens flach, aus Pflastersteinen gelegt und befand sich auf dem Boden des Kirchenschiffes. Manchmal war es auch nur in eine Wand geschnitzt. Obwohl es viele von ihnen gibt, ist für keines ein Hintergrund bekannt.

Im zwölften Jahrhundert wurden die ersten Kirchenlabyrinthe in gotischen Kathedralen Nordfrankreichs konstruiert. Das wohl bekannteste und größte befindet sich in der Kathedrale von Chartres. Es besteht aus blauen und weißen Steinen und überzieht eine Fläche von circa 12 Metern Durchmesser, ein Ausmaß, daß dem westlichen Rosenfenster der Kathedrale entspricht.
In Italien entstanden einige sehr kleine Kirchenlabyrinthe. Eines befindet sich in einer Wand der Kathedrale von Lucca und mißt gerade 48,5 cm. Über die Jahrhunderte hinweg sind viele Finger den Wegen des Labyrinthes gefolgt und haben so eventuell das Bildnis von Theseus und dem Minotaurus, das sich im Zentrum befunden haben soll, weggewischt.

Oben siehst Du einen Plan des Irrgartens von Chartres, der um 1220 n. Chr.entstand.

Der Irrgarten von Rheims (oben) wurde 1779 vernichtet, da der von darin herumlaufenden Kindern erzeugte Lärm die Gottesdienste störte.

Das unten abgebildete Labyrinth existiert zwar nicht mehr, man vermutet jedoch, daß es sich auf dem Boden der Kathedrale von Poitiers befunden hat. Du betrittst und verläßt den Irrgarten an derselben Stelle, kannst in ihm jedoch mehrfach herumwandern, bevor Du Dich entschließt, ihn wieder zu verlassen.

Es sind viele Kirchenlabyrinthe gebaut worden, doch keines von ihnen ist in einem Schriftstück dieser Zeit erwähnt. Möglicherweise sind sie symbolische Darstellungen der vielen Drehungen und Wendungen im Lauf eines menschlichen Lebens, bis es ins nächste Leben übertreten kann. Im Mittelalter war es durchaus üblich, daß sich die Menschen auf Pilgerreise begaben. Eine solche Pilgerreise führte zu einem geheiligten Ort, in der Hoffnung auf die Vergebung der Sünden. Manchmal dauerten diese Reisen Wochen oder gar Monate. Der Mittelpunkt eines Kirchenlabyrinthes in Frankreich heißt Jerusalem. Das läßt die Vermutung zu, es könnte als Ersatz für eine Pilgerreise ins echte Jerusalem, im Nahen Osten, gestanden haben. Üblicherweise bewegte man sich in einem solchen Labyrinth knieend vorwärts.

Von den zehn bekannten französischen Labyrinthpflastern sind fünf rund, vier achteckig und eines quadratisch.

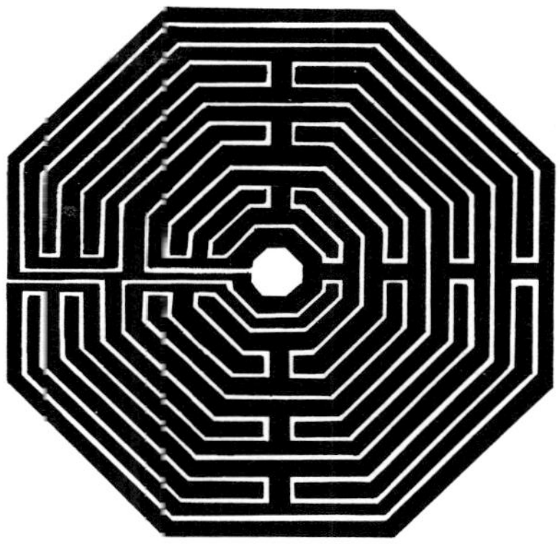

Zu Beginn des vierzehnten Jahrhunderts wurde in der Kathedrale von Amiens ein Irrgarten mit mehr als 12 Metern Durchmesser gebaut.

Der obere Plan zeigt einen Irrgarten der Kathedrale von Bayeux.

Dieser Plan entspricht dem Labyrinth der Abtei St. Omer.

Das Labyrinth von Chartres hat interessante Eigenschaften. Die vierfache Symmetrie soll das Symbol des christlichen Kreuzes widerspiegeln.

Was kannst Du über die Symmetrie des Entwurfes herausfinden, wenn Du dem Weg des Labyrinthes von Chartres folgst?

Verwirrende Realität

Zweidimensionale (2-D) Irrgärten sind nicht immer ganz einfach zu durchwandern, deutlich schwerer wird die Sache jedoch, wenn die dritte Dimension hinzukommt ...

Ein Irrgarten kann auf verschiedene Weisen dreidimensional (3-D) werden. Der holländische Künstler Escher entwarf viele irreale Muster, die sich nicht real nachbauen lassen. Seine Illusionen lassen aus zweidimensionalen Zeichnungen dreidimensionale Bilder entstehen.

Oben: Dieses faszinierende aber unmögliche Bild von Escher lädt den Betrachter ein, den kleinen Männchen auf ihrem nie endenden Weg zu folgen.

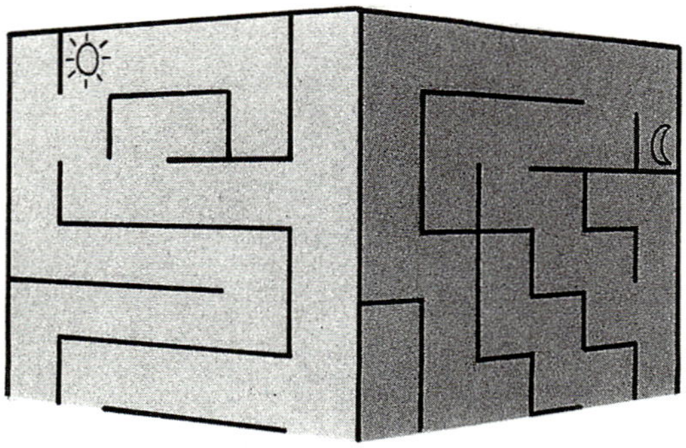

Oben: Sind Dir die Würfel auf den ersten Seiten des Buches aufgefallen? Die drei Abbildungen zeigen die sechs Seiten eines Würfels, auf den ein Irrgarten gezeichnet wurde. Findest Du den Weg von der Sonne zum Mond?

Unten: Der von Greg Bright entworfene Irrgarten von Longleat, Warminster in Wiltshire, ist durch seine sechs Brücken und den Aussichtsturm tatsächlich dreidimensional. Durch Pflanzung von 1500 englischen Eiben entstand ein 2,72 km langes Wegenetz, das sich über eine Fläche von 6000 Quadratmetern erstreckt und damit zum weltweit größten Irrgarten dieser Art wurde. Er teilt sich in zwei Bereiche auf: in einen ziemlich geradlinigen Weg, den zu durchlaufen etwa eine halbe Stunde in Anspruch nimmt, und einen zweiten schwierigeren Teil, dessen erfolgreiche Begehung leicht eine Stunde oder länger dauern kann.

3-D Labyrinthe

Mit Hilfe eines speziellen Dreiecksgitters kannst Du Deinen eigenen irrealen 3-D Weg oder Irrgarten entwerfen. Unten kannst Du anhand von Beispielen erkennen, wie Du vorgehen mußt.

Verschlungene Pfade

Die Herausforderung eines Irrgartens besteht darin, durch alle blind endenden Pfade und sich wiederholenden Schlaufen hindurch, den Weg von einem Anfangspunkt zu einem Endpunkt zu finden. Manchmal existiert auch nur ein einziger Weg, der sich bis zu seinem Zielpunkt vielfach windet und wendet. Bei den meisten Spielen gilt es, den einzigen oder den kürzesten Weg herauszufinden.

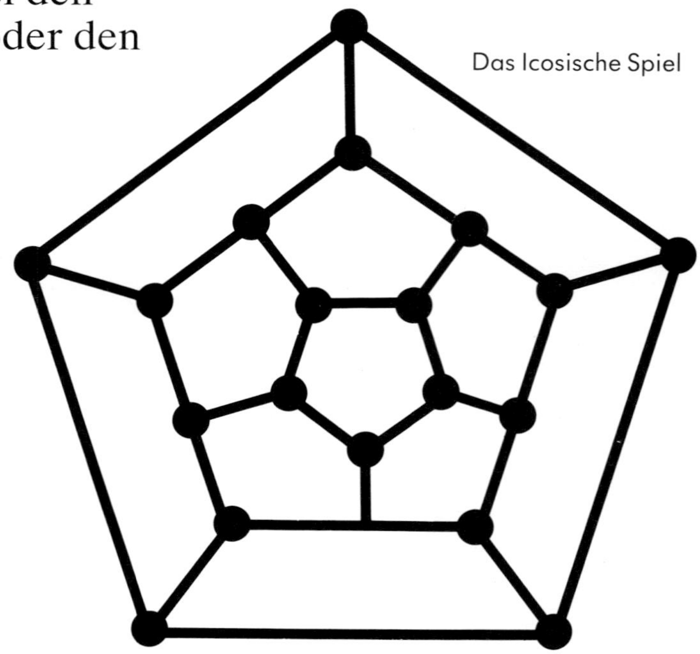

Das Icosische Spiel

Das Icosische Spiel

Das Icosische Spiel wurde von Sir William Rowan Hamilton erfunden. Du mußt den Weg finden, der Dich jeden Knotenpunkt genau einmal betreten läßt. (Du mußt nicht jeden Pfad benutzen.) Wenn Du einen Weg entdeckt hast, versuche noch weitere herauszufinden. Wie viele verschiedene Wege gibt es?

Das Icosische Spiel basiert auf drei ineinanderliegenden Fünfecken. Der unteren Aufgabe sind drei ineinanderliegende Siebenecke zugrunde gelegt. Ein Zug ist ein Sprung über Knotenpunkte.

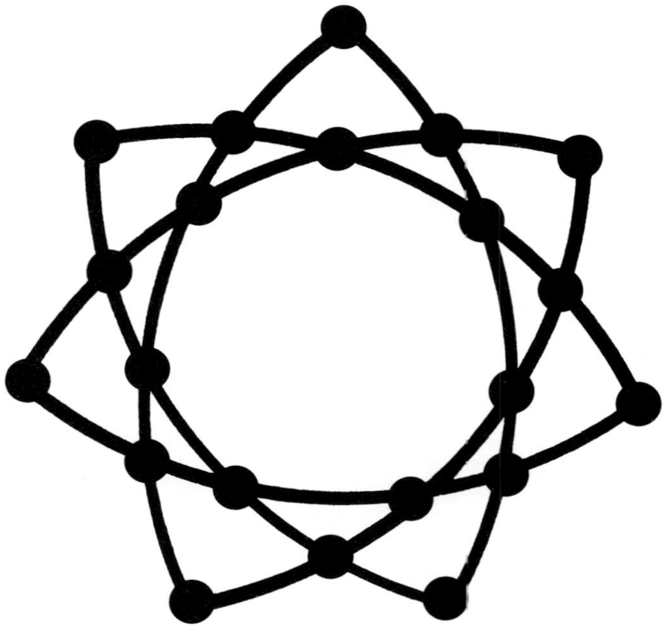

Lege zu Beginn des Spiels einen Spielstein an eine beliebige Stelle. Während Du den Linien folgst, hinterlasse an jedem von Dir besuchten Knotenpunkt einen Spielstein. Du darfst weder mitten im Zug die Richtung ändern, noch darfst Du Deinen Weg wieder zurückgehen. Ein Punkt, auf dem bereits ein Stein liegt, kann übersprungen, nicht jedoch ein zweites Mal betreten werden.

Ist es möglich, jeden Punkt mit einem Spielstein zu versehen?

Lassen sich alle Punkte, bis auf einen, so belegen?

Faszinierender Sam Loyd

Sam Loyd lebte Anfang dieses Jahrhunderts und war ein berühmter Rätselerfinder. Viele seiner mathematischen Rätselaufgaben beschäftigen sich mit Wegen, die möglichst viele Punkte miteinander verbinden sollen oder die kürzeste Strecke darstellen.

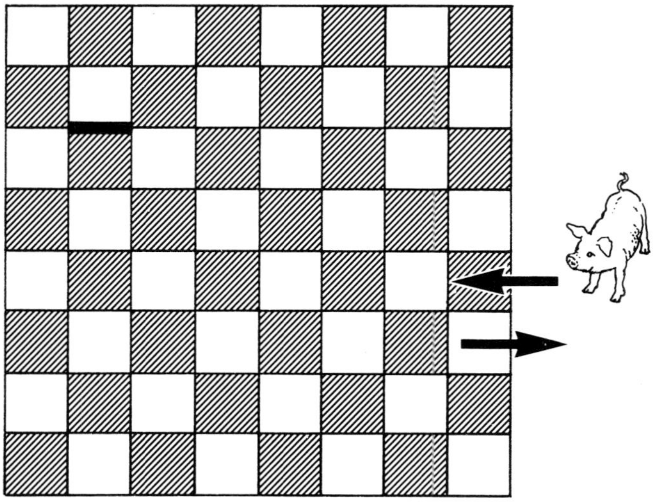

Das Schwein im Garten

In dieser Aufgabe betritt das Schwein den Garten über das mit einem Pfeil gekennzeichnete schraffierte Feld. Es besucht jedes Quadrat des Gartens genau einmal. Dabei kann es nur in der horizontalen oder der vertikalen Richtung laufen und sich um 90° drehen. Es darf das schwarze Tor nicht passieren. Nachdem es jedes Quadrat einmal besucht hat, verläßt es den Garten durch das mit einem Pfeil markierte weiße Feld. Findest Du den Weg, der über jedes Feld führt?
Sam Loyd gab eine Lösung vor, in der das Schwein zwanzig Drehungen um 90° vollzieht. Sind zwanzig Drehungen um 90° das Minimum, um die Aufgabe zu lösen?

Die Katze und die Mäuse

In einer anderen Aufgabe muß eine Katze, entlang den vorgegebenen Wegen, die auf den Knotenpunkten sitzenden Mäuse fangen. Zeichne Dir das gegenüberliegende Netz ab, lege einen Spielstein auf jeden Knotenpunkt und mache Dich auf den Weg. Entferne immer den Spielstein von dem Punkt, den Du besuchst. Wie viele Züge benötigst Du mindestens, um alle Spielsteine zu entfernen?

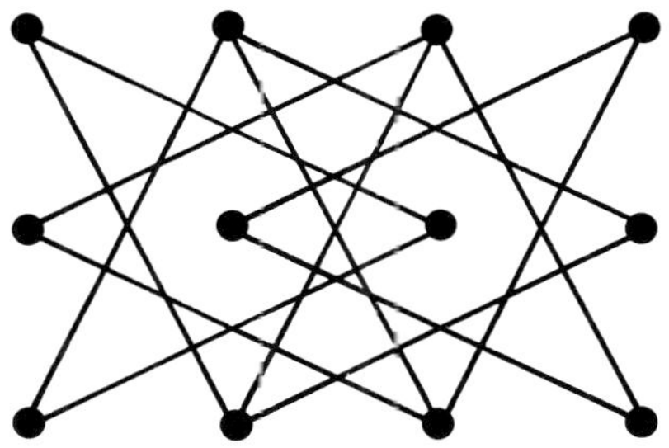

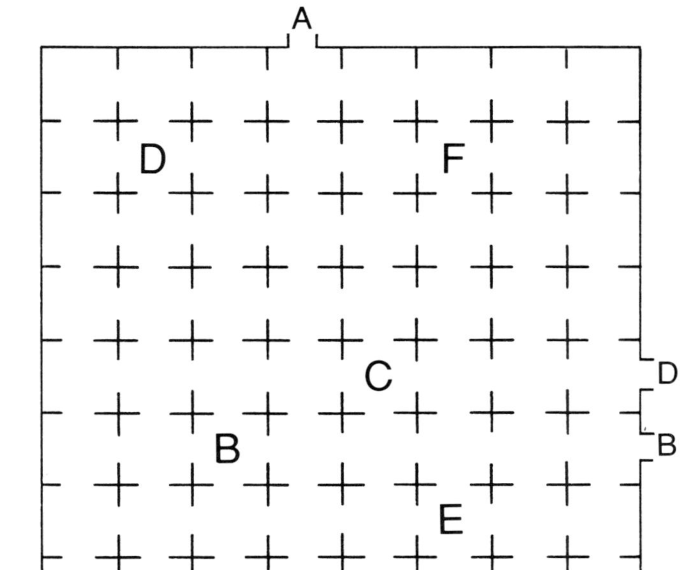

Der Turm von London

Sam Loyds „Turm von London" ist noch verzwickter. Fünf Leute sollen so ihren eigenen Weg verfolgen, daß sie weder einander begegnen, noch eine Wegstrecke gemeinsam benutzen. Sam Loyd formulierte seine Aufgabe folgendermaßen:
Fünf Wachen werden auf dem Plan des Turmes durch die Buchstaben A, B, C, D und E dargestellt. Pünktlich beim Kanonenschuß, der den Sonnenuntergang signalisiert, zieht Wache A durch Ausgang A ab, B durch Ausgang B, C durch Ausgang C, D durch Ausgang D, während E von seinem Standpunkt aus zu Raum F wandert. Die Schwierigkeit ist nun, herauszufinden, wie die fünf Wachen laufen müssen, ohne daß einer den Weg eines anderen kreuzt. Mit anderen Worten, in jeder Zelle ist nur die Spur eines einzigen Weges erlaubt.

Findest Du die Lösung?

Zahlenwege

In manchen Irrgärten mußt Du Dich an Kreuzungen entscheiden, welchen Weg Du einschlagen willst. Abhängig von Deiner Wahl können weitere Entscheidungen anstehen ... alle zusammen ergeben eine Vielzahl an Wegen, die zum Ziel des Labyrinths führen.

Stelle Dir vor, Du lebst in einer Stadt, deren Straßen in einem rechteckigen Gitter angelegt sind.

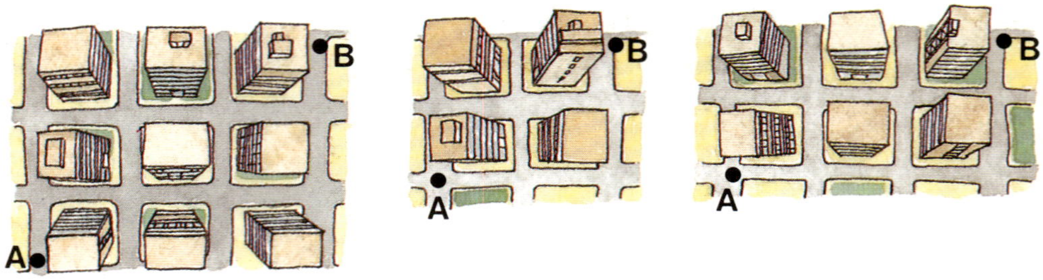

Untersuche die Anzahl der verschiedenen Wege, die Du in den oben abgebildeten Städten unterschiedlicher Größe einschlagen kannst, um von A (unten links) nach B (oben rechts) zu gelangen.

Kleinste Summe ... größte Summe

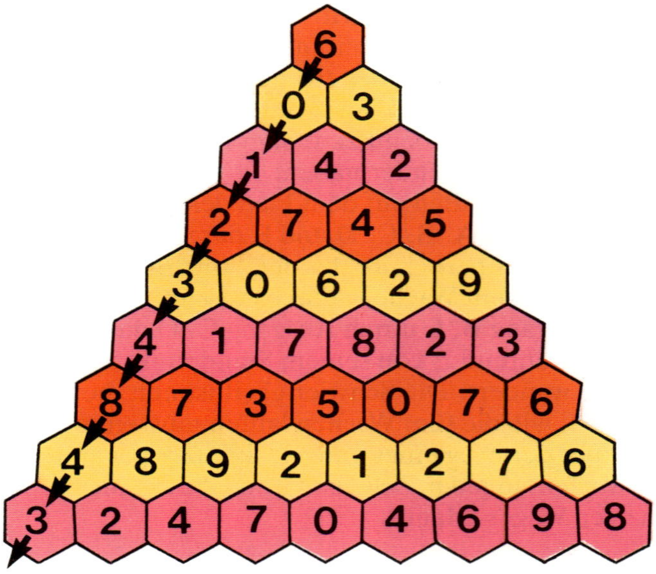

Der auf dem Zahlenlabyrinth eingetragene Weg addiert sich zu 31 auf. Findest Du einen Weg, der sich zu 41 aufaddiert? Du mußt im obersten Sechseck beginnen und in einem Sechseck der untersten Reihe enden. Du kannst runter und quer laufen, nicht jedoch noch oben.

Findest Du den Weg, der die kleinste Summe ergibt?
Findest Du den Weg, der die größte Summe ergibt?

Zeichne das Gitter ab und entwerfe eigene Aufgaben. Versuche Dich einmal mit anderen Zahlen, beispielsweise sehr hohen Zahlen, Dezimalzahlen, Brüchen ...

... dann versuche Dein eigenes Labyrinth zu lösen.

Wege hinein und Wege heraus

Wie viele Wege durch dieses Labyrinth kannst Du entdecken? Beginne in der oberen Reihe und ende in der unteren. Auch hier darfst Du Dich nur seitlich oder abwärts bewegen. Es gibt viele Wege, um von der oberen in die untere Reihe zu gelangen, dabei solltest Du speziellen Zahlen folgen, z. B. Quadratzahlen oder Vielfachen von Zahlen. Welche Zahlen ergeben den Weg, der durch die meisten Sechsecke führt? Welche Zahlen führen Dich auf dem kürzesten Weg durch das Labyrinth?

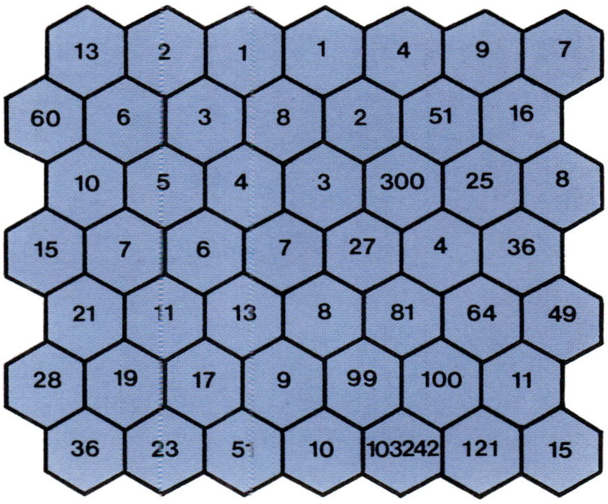

Rogue-Würfel Labyrinth

Hier ist keine Addition gefragt. Welcher Weg führt von der oberen zur unteren Reihe?

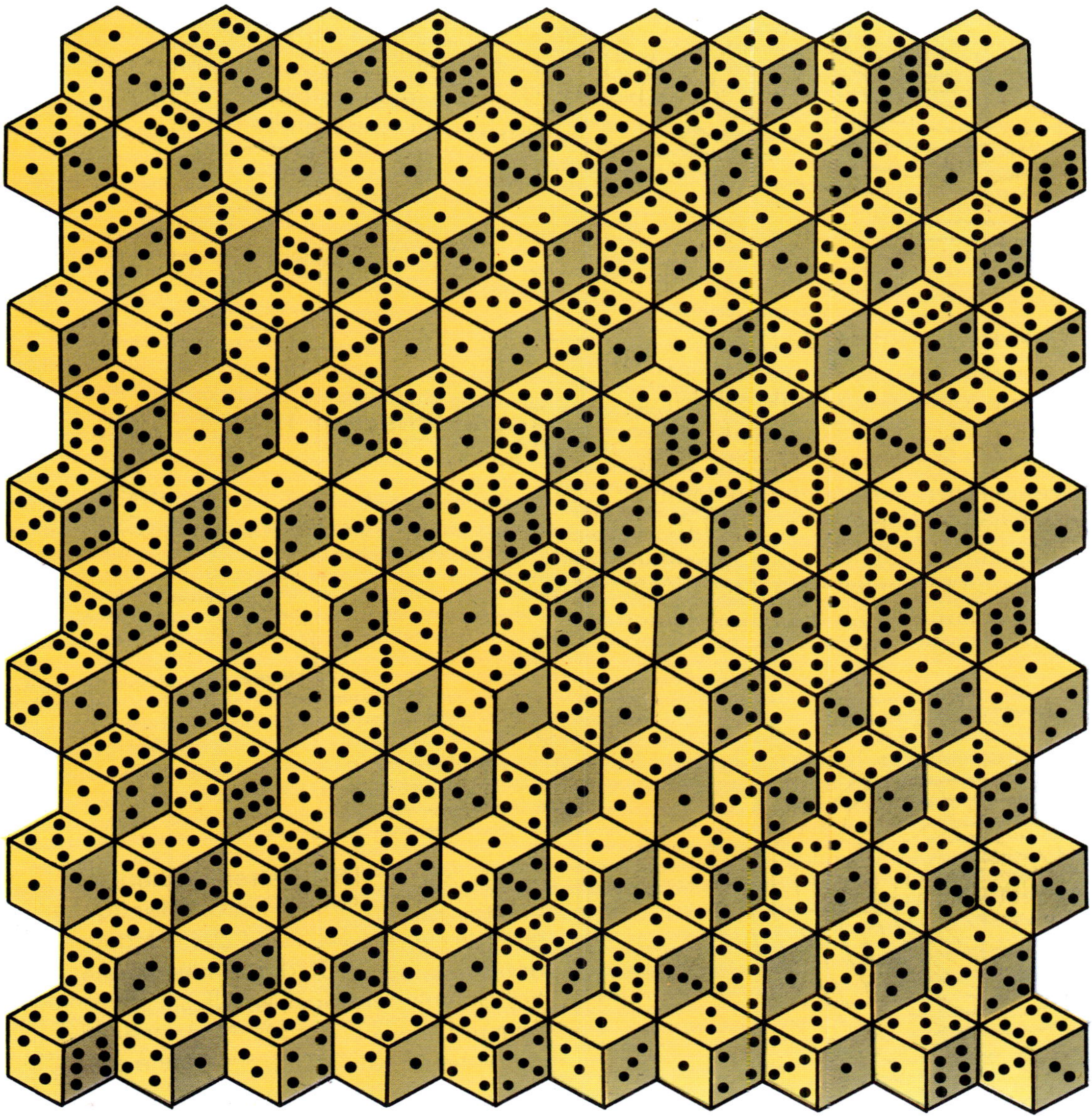

Innen oder Außen

In einem Zweig der Mathematik, der Topologie, wird ein Kreis als „eine einfach geschlossene Kurve“ bezeichnet, die eine Ebene in ein Innen und ein Außen gliedert.

Die untere Abbildung zeigt eine einfach geschlossene Kurve, die, topologisch gesehen, einem Kreis entspricht. Welcher der Punkte A und B liegt innerhalb und welcher außerhalb der Kurve?

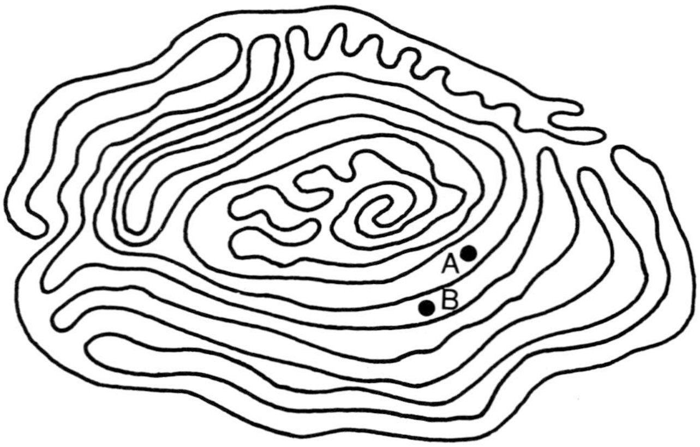

Um vom Inneren eines Kreises nach außen zu gelangen, muß die Kurve überkreuzt werden, wie dies die Abbildung zeigt …

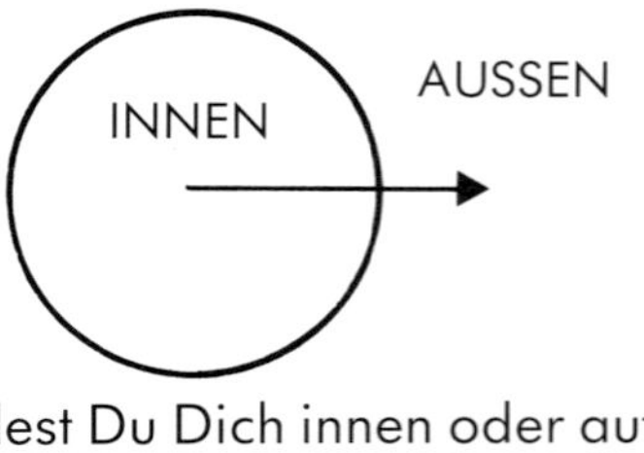

… aber befindest Du Dich innen oder außen, wenn Du in der folgenden Abbildung die Kurve nach A hin überkreuzt?

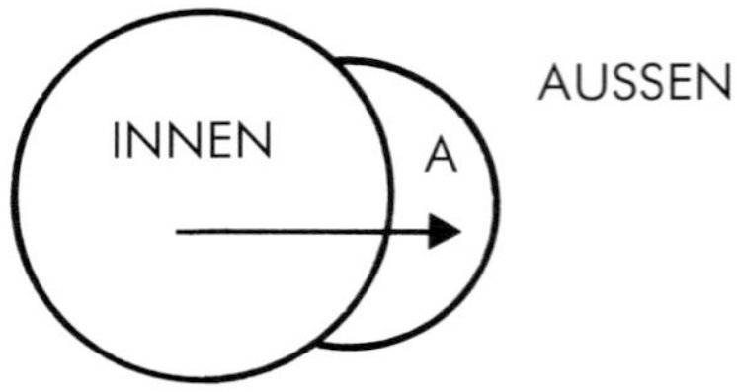

Unten siehst Du eine Jordan Kurve. Auch hier handelt es sich um eine einfach geschlossene Kurve. Willst Du herausfinden, ob sich ein Punkt innerhalb oder außerhalb einer Jordan Kurve befindet, kannst Du den Punkt mit einer Geraden, die zu einer beliebigen Stelle außerhalb führt, verbinden und dann die Anzahl der überkreuzten Linien zählen. Liegt der Punkt innerhalb oder außerhalb der Kurve, wenn die Anzahl der überkreuzten Linien eine ungerade Zahl ergibt? Kannst Du, mit Hilfe der unten abgebildeten Jordan Kurve, die Regel herausfinden?

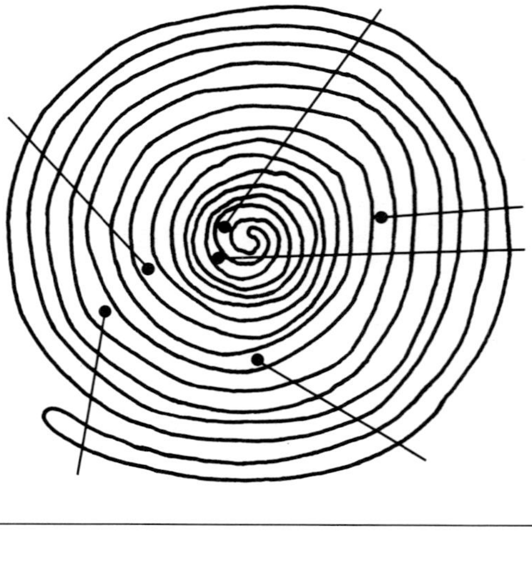

Topologischer Trick 1

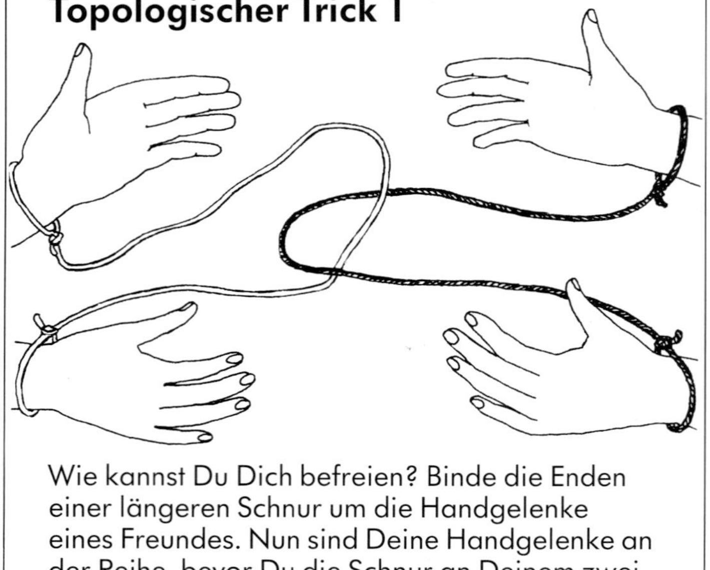

Wie kannst Du Dich befreien? Binde die Enden einer längeren Schnur um die Handgelenke eines Freundes. Nun sind Deine Handgelenke an der Reihe, bevor Du die Schnur an Deinem zweiten Gelenk befestigst, winde sie einmal um die Schnur Deines Freundes. Nun versucht, Euch wieder voneinander zu trennen, ohne einen Knoten zu lösen oder eine Schnur durchzuschneiden.

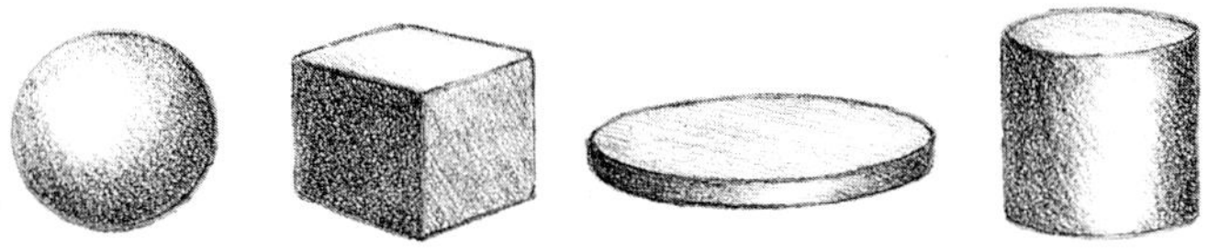

Deformationen

Man kann eine Kugel aus leicht formbarem Material, beispielsweise Knetgummi, leicht zu einem Würfel umformen, zu einer Platte flachdrücken oder ihr die Form eines Glases geben. Formen, die ohne Trennung oder Hinzufügung auseinander hervorgehen können, werden als topologisch gleich bezeichnet. Eine Kugel erhält nur durch das Herausschneiden von Material die Form eines Kringels. Eine Kugel und ein Reifen sind nicht topologisch gleich. Einen Kringel kannst Du abflachen, strecken und pressen, bis Du einen Becher geformt hast. Ein Kringel und ein Becher sind topologisch gleich. Die Abänderung einer Form in eine andere wird Deformation genannt.

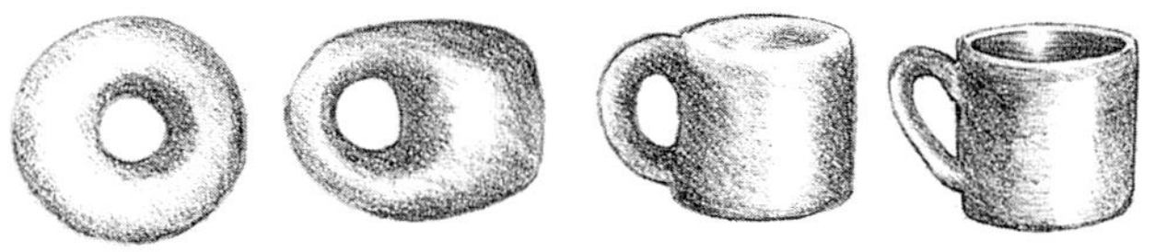

Gattung

Wir können 3-D Objekte beschreiben, wenn wir ihre Gattung betrachten.
Eine Kugel gehört zur Gattung 0, da sich 0 Löcher in ihr befinden. Ein Kringel gehört zur Gattung 1, da sich 1 Loch in ihm befindet.
Wenn Du 3-D Objekte durchschneidest, kannst Du zu unterschiedlichen Ergebnissen gelangen.

Zerschneidest Du eine Kugel, wirst Du immer zwei Teile der Gattung 0 erhalten.

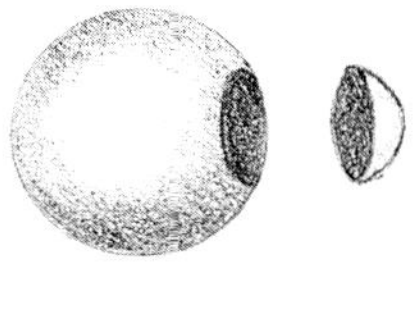

Zerschneidest Du einen Kringel, kannst Du ein Objekt der Gattung 1 und ein anderes der Gattung 0 oder zwei Objekte der Gattung 0 erhalten.

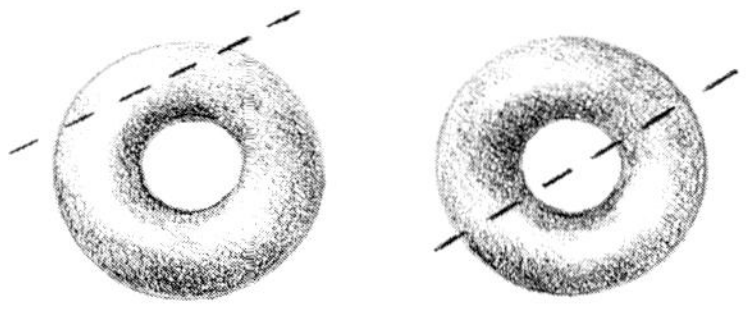

Kannst Du herausfinden, welchen Gattungen die rechts dargestellten Objekte angehören? Du darfst die Objekte zwar topologisch verändern, nicht jedoch zerschneiden, aufreißen oder weitere Löcher hinzufügen.
Was passiert mit Objekten anderer Gattungen? Was passiert mit Objekten, die Du zwei-, drei-, viermal oder öfter zerschneidest?

Topologischer Trick 2

Lege, wie unten abgebildet, eine Schlaufe, die durch einen Ring gezogen wurde, über die beiden Daumen eines Freundes. Kannst Du den Ring lösen, ohne ein Schlaufenende vom Daumen zu entfernen? Lies weiter …

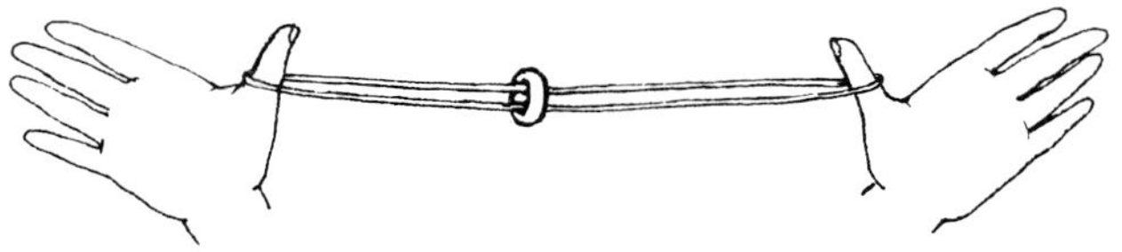

Lege Deinen linken Zeigefinger links vom Ring über beide Schnüre der Schlaufe.

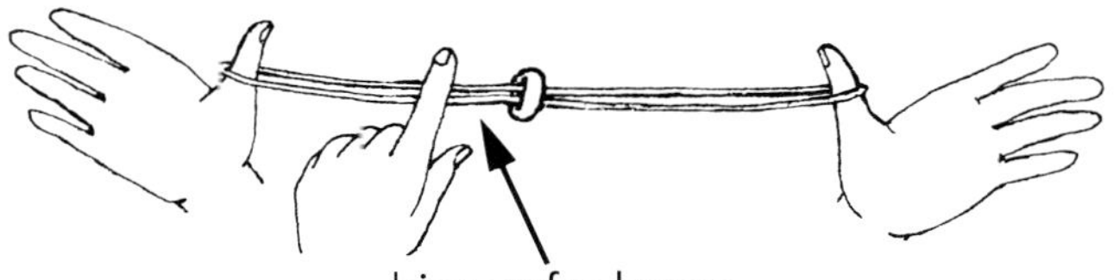

hier aufnehmen

Führe nun die Dir näherliegende Schnur der Schlaufe von dem bezeichneten Punkt über den links von Dir gehaltenen Daumen Deines Freundes.

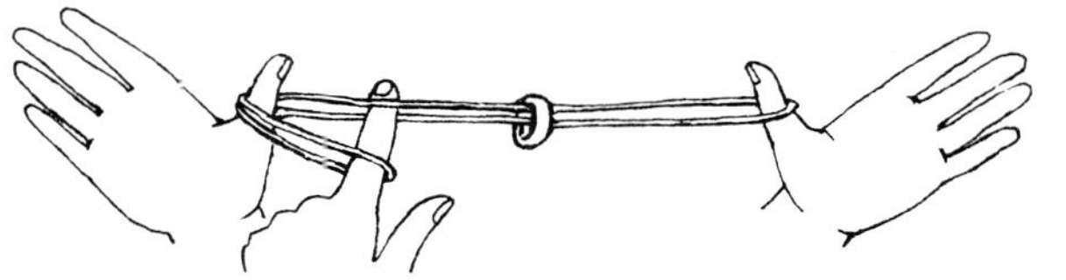

Halte Deinen linken Zeigefinger in dieser Position und führe die Dir näherliegende Schnur der Schlaufe rechts vom Ring um denselben Daumen (links von Dir) wie vorher. Nun liegen über dem Daumen zwei Schlingen. Ziehe langsam Deinen linken Zeigefinger raus und der Ring ist frei.

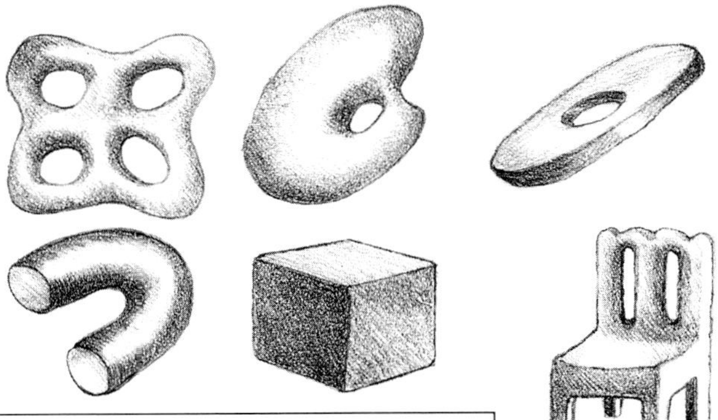

Zu welcher Gattung gehört wohl die Klein-Flasche?

Graphen

Das oben abgebildete Rätsel basiert auf einer Aufgabe, die von Leonhard Euler, einem Mathematiker des achtzehnten Jahrhunderts, bearbeitet wurde. Er bewies die Undurchführbarkeit der Aufgabe, alle sieben Brücken Königsbergs genau einmal zu überqueren. Eulers Entdeckung führte zu einem neuen Zweig in der Mathematik, der Graphentheorie. Euler mußte keineswegs nach Königsberg reisen, um zu beweisen, daß ein Stadtrundgang, der über alle sieben Brücken führen soll, nicht ohne zweifache Begehung mancher Wege möglich ist. Er zeichnete vielmehr einen Plan, aus dem ersichtlich wurde, daß Königsberg durch den Fluß in vier Teile zergliedert wird.

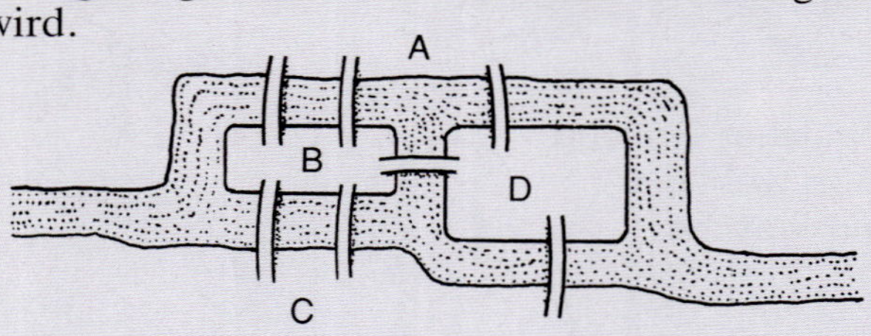

Indem er jedes der vier Teile mit einem Punkt versah und diese mit Linien verband, erhielt er folgendes Diagramm:

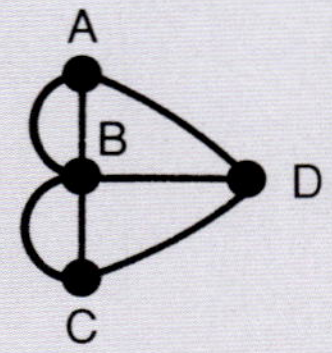

In diesem Diagramm, man nennt es Graph, sind alle möglichen Wege verzeichnet.

Bezeichnungen bei Graphen

Ein Punkt in einem Graph heißt Knotenpunkt (Ecke). Die Linie, die einen Punkt mit einem anderen oder mit sich selbst verbindet, wird Kante genannt.

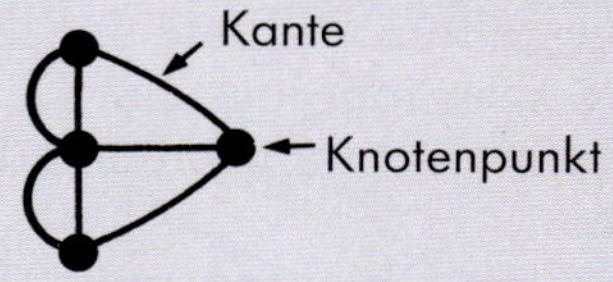

Können alle Kanten eines Graphen auf einer Reise genau einmal verfolgt werden, so wird er durchlaufbar oder Eulerscher Weg genannt.

In diesem chinesischen Garten befinden sich sieben Brücken. Entdeckst Du einen Weg, auf dem Du alle Brücken genau einmal überqueren kannst? Wie sieht es aus, wenn Du eine Reihe dieser Trittsteine benutzt? . . . oder beide Reihen?

Gerade Knotenpunkte, ungerade Knotenpunkte

Ein Knotenpunkt, in dem eine gerade Anzahl an Kanten zusammentreffen, wird gerade genannt. Die Ordnung eines Knotenpunktes entspricht der Anzahl der Kanten, die in ihm zusammentreffen.

gerader Knotenpunkt der Ordnung 2

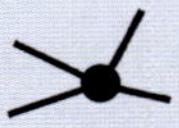

gerader Knotenpunkt der Ordnung 4

Ein Knotenpunkt, in dem eine ungerade Zahl an Zweigen zusammentreffen, wird ungerade genannt.

ungerader Knotenpunkt der Ordnung 3

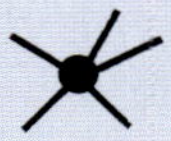

ungerader Knotenpunkt der Ordnung 5

Euler entdeckte, daß die Anzahl der ungeraden Knotenpunkte Auskunft über die Durchlaufbarkeit eines Graphen gibt.

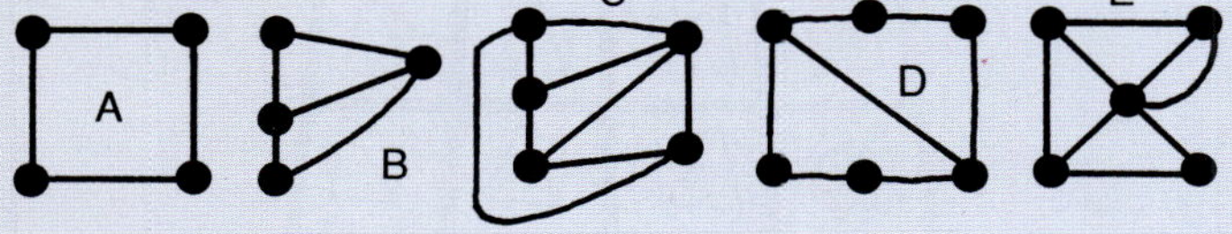

Oben siehst Du einige Graphen. Welche von ihnen sind durchlaufbar? Entwerfe eigene Graphen. Achte darauf, daß sich auch ein paar komplizierte Entwürfe darunter befinden. Welche sind durchlaufbar?

Notiere Deine Ergebnisse in einer Tabelle, wie sie unten abgebildet ist.

Graph	Anzahl der geraden Knotenpunkte	Anzahl der ungeraden Knotenpunkte	Ist er durchlaufbar?
A	4	0	ja
B			
C			
D			

Bedeutende Entdeckungen

Eulers Untersuchungen an Graphen führten zu zwei Entdeckungen:

1. Ein Graph, der nur gerade Knotenpunkte enthält, ist immer durchlaufbar.

2. Ein Graph, der mehr als eine bestimmte Anzahl an ungeraden Knotenpunkten enthält, ist nicht durchlaufbar.

Schau in Deine Tabelle. Stimmen Deine Ergebnisse mit diesen beiden Entdeckungen überein? Wie viele Knotenpunkte dürfen höchstens ungerade sein, damit der Graph durchlaufbar bleibt?

Bewegung

Der Fuchs jagt die Gans

Eine Personengruppe kann zum beweglichen Irrgarten werden. Sie stellen sich in einem solchen Gitter auf, daß sich, bei ausgestreckten Armen, ihre Fingerspitzen berühren. Jetzt werden noch drei weitere Personen benötigt: der Fuchs, die Gans und der Wind. Der Fuchs muß versuchen, die fliehende Gans zu fangen. Beide dürfen nur in den Straßen des Gitters laufen, dürfen sich also nicht durch die ausgestreckten Arme drängen oder darunter durchkriechen. Der Wind setzt nach Belieben seine Pfeife ein, was den Personen, die das Gitter bilden, das Signal für eine 90° Drehung im Uhrzeigersinn gibt. So wird es für den Fuchs sehr schwer, die Gans zu fangen!

Kistenschieben

Der Vorratsraum ist fast vollständig mit schweren Kisten gefüllt. Wie kann die Ladenbesitzerin die dunklere Kiste zur Tür transportieren? Sie schafft es nur, jeweils eine Kiste horizontal oder vertikal auf ein freies Feld des Gitters zu schieben. Die Kisten sind zu schwer, um sie aufeinanderzustapeln. Wie oft muß die Besitzerin mindestens Kisten schieben, um ihr Ziel zu erreichen? Welche Vorgehensweisen empfehlen sich bei unterschiedlich großen Lagerräumen aus mehr oder weniger Quadraten mit jeweils einem freien Feld?

Bewegliche Pyramiden

Auf einem 4 x 4-Brett stehen fünfzehn Pyramiden. Sie dürfen nur mit Springerzügen auf ein leeres Feld gesetzt werden. Ein Springerzug im Schachspiel besteht darin, zwei Felder vorwärts und ein Feld im rechten Winkel nach rechts oder links zu setzen. Wie viele Züge benötigt die dunkle Pyramide, bis sie das obere rechte Feld erreicht? Wie sieht es mit Gittern anderer Größe aus?

Gleitende Tassen und Untertassen

In jedem Zug können die Tassen und Untertassen horizontal oder vertikal auf ein freies Feld geschoben werden. Sie können auch über eine Tasse oder Untertasse auf ein freies Feld springen.

In wie vielen Zügen können die Positionen der Tassen mit denen der Untertassen vertauscht werden?

Untersuche auch Gitter anderer Größe.

Ein merkwürdiges Interview

Für ein Interview wurden 5 Kandidaten einbestellt. Es war zuvor beschlossen worden, die Kandidaten so zu trennen, daß keine Frage weitergeleitet werden kann. Nach ihrer Ankunft wurden sie in gezeigter Weise in die verschiedenen Räume geschickt. Kurz darauf bemerkte der Sekretär, daß ihm ein Fehler unterlaufen war. Raji hätte sich in Raum 4 und Hellen in Raum 3 aufhalten sollen. Wie konnte der Sekretär die Kandidaten auf schnellstem Wege umziehen lassen, ohne daß einer einem anderen begegnete? Mit anderen Worten, was wäre die geringste Zahl an Zügen, um eine Entdeckung des Fehlers möglichst zu vermeiden?

Bridge-it

David Gale nannte sein 1958 entwickeltes Spiel für zwei Spieler Bridge-it. Auf kariertem Papier wird in gezeigter Weise ein Spielfeld gekennzeichnet, d. h. die Punkte werden reihenweise abwechselnd mit zwei Farben markiert. Die Spieler entscheiden sich jeder für eine Farbe und verbinden nur die Punkte ihrer eigenen Farbe. Abwechselnd dürfen nun die Spieler eine Gerade einzeichnen, die zwei nebeneinanderliegende Punkte verbindet. Die Geraden dürfen sich nicht überkreuzen. Gewinner ist, wer als erster eine durchgehende Linie, von einer Seite des Spielfeldes zur gegenüberliegenden Seite, durch Punkte seiner Farbe gezogen hat.
Die Größe des Feldes ist beliebig, wichtig ist jedoch die gleiche Anzahl an Punkten beider Farben. Es empfiehlt sich, kariertes Papier als Ausgangsmaterial zu verwenden.
Dieses Spiel wurde bereits begonnen. Der Spieler, der sich für die schwarzen Punkte entschieden hat, verbindet diese mit geraden Linien, der andere Spieler verbindet seine weißen Punkte mit Schlängellinien. Als nächster ist der Spieler mit den geraden Linien am Zug. Welcher Spieler wird gewinnen?

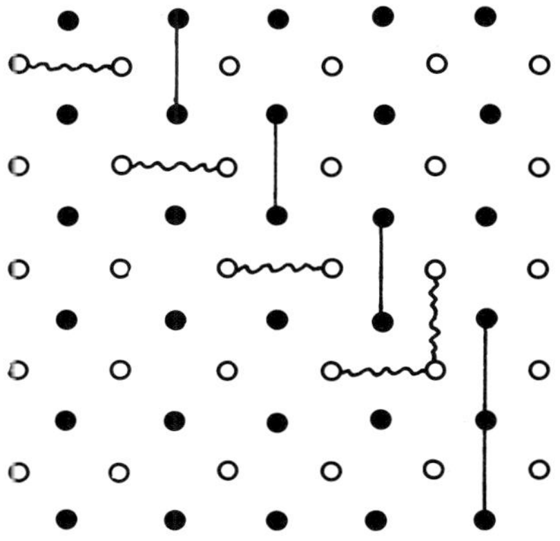

Das Spiel Hex

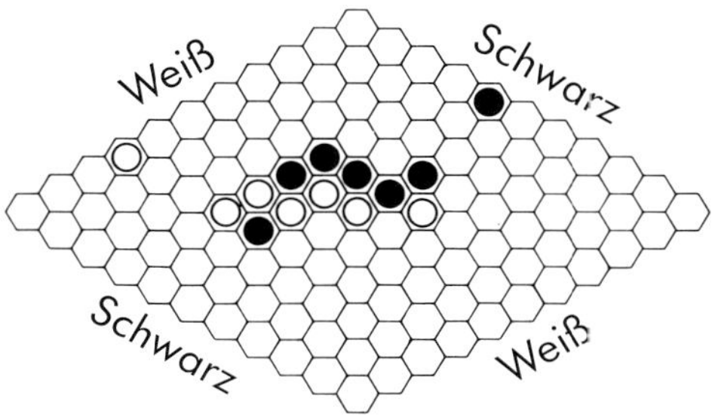

Bei diesem Spiel sind zwei Spieler damit beschäftigt einen Weg quer über das Brett zu legen und gleichzeitig ihren Gegner gerade dabei zu behindern. Die Spieler entscheiden sich für eine Farbe und markieren mit ihren Spielsteinen die Felder, die sie besuchen. Zwei gegenüberliegende Seiten gehören dem weißen Spieler, die beiden anderen dem schwarzen.
Ziel ist es, die eigenen Seiten mit einer durchgehenden Linie eigener Steine, die nicht gerade sein muß, zu verbinden. Die Sechsecke in den Ecken gehören zu den beiden jeweils angrenzenden Seiten. Es wird abwechselnd gezogen und bei jedem Zug ein Stein abgelegt. Liegt ein Stein, darf er nicht mehr entfernt werden.
Als nächster ist der schwarze Spieler am Zug. Wer wird wohl als erster seinen Weg finden?
Versuche Dich einmal an diesem Spiel. Sind Bridge-it und Hex dasselbe?

Entwirf Irrgärten

Oben: Die dicke Linie ist der richtige Weg, während die dünnen Striche Irrwege darstellen.
Unten: Das Gitter wurde abgezeichnet und bildet so die Wände des Irrgartens.

Gemustertes Papier ist eine mögliche Grundlage für den Entwurf Deines eigenen Irrgartens. Es könnte sich um Quadrate handeln oder, wie in diesem Fall, um Sechsecke. Zeichne einen möglichst komplizierten Weg von einer Seite zur gegenüberliegenden Seite. Dann trage die blind endenden Wege ein. Achte darauf, daß die Wege durch jedes Kästchen führen. Übertrage nun das Gittermuster Deines Papiers. Die nicht durchquerten Linien Deines Gitters bilden die Wände des Irrgartens.

Oben und unten: Derselbe Irrgarten wurde unterschiedlich behandelt. Entwerfe eigene Irrgärten. Benutze möglichst verschieden gemusterte und gepunktete Blätter.

Rätselhafte Labyrinthe

Es sollte nicht zu schwierig sein, sich durch einen auf Papier gezeichneten Irrgarten zu schlängeln. Der unten abgebildete heißt „Das Labyrinth von Philadelphia“ und wurde von dem berühmten Rätselerfinder Henry Dudeny entworfen. Findest Du einen Weg von A nach B?

Wenn Du einen Weg gefunden hast, dann versuche Dich an folgender Aufgabe: Wie viele Wege führen insgesamt von A nach B, vorausgesetzt man darf keinen Durchgang zweimal benutzen?
Du kannst die schattierten Bereiche als Flure betrachten, die beliebig oft betreten werden dürfen.

In seinem Buch, Amusements in Mathematics, widmete Henry Dudeny ein ganzes Kapitel der Thematik „Irrgärten und wie mit ihnen umzugehen ist“. Viele der anderen von ihm gesammelten Rätsel sind in ihrem Konzept „labyrinthähnlich“.

Lokomotiven verschieben

Ziel des Spiels ist es, die Lokomotiven auf den Schienen so zu manövrieren, daß sie schlußendlich in numerischer Reihenfolge auf der kreisförmigen Schiene stehen. Der zentrale Kreuzungspunkt ist drehbar, so daß ihn die Lokomotiven auf jeder beliebigen Spur verlassen können. Er soll bei Spielende leer stehen. Bis auf eine unbewegliche Lokomotive, können alle vorwärts und rückwärts fahren. Welche Lokomotive läßt sich nicht verschieben? Wie müssen die anderen fahren, um die Aufgabe zu lösen?

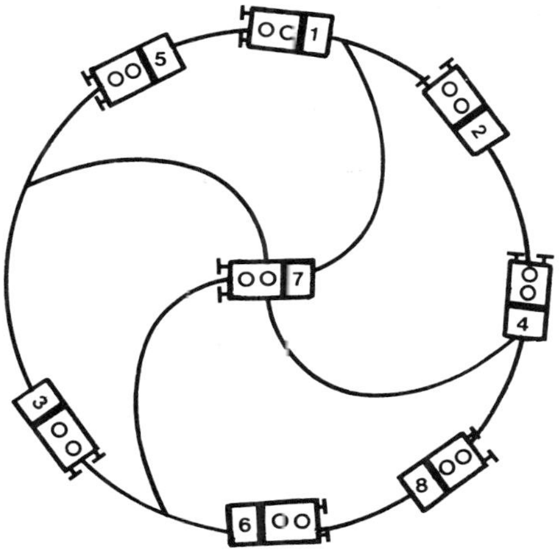

Der weiße Läufer

Der weiße Läufer will jedes seiner weißen Felder auf dem Schachbrett einmal besuchen. Er darf zwar die einzelnen Felder mehrfach betreten, es ist ihm aber nicht gestattet, denselben Weg zweimal zu ziehen. Es sind, wie beim Schachspiel, nur Läuferzüge erlaubt. Er darf also diagonal beliebig viele Felder weit in beliebiger Richtung ziehen, solange seine Züge geradlinig verlaufen. Wie viele Züge benötigt er mindestens, um seine Aufgabe zu erfüllen?

Wege auf einem Gitter

Jeder Weg muß mindestens einmal abgelaufen werden. Wie verläuft der kürzeste Weg über das Gitter? Untersuche auch Gitter anderer Größe.

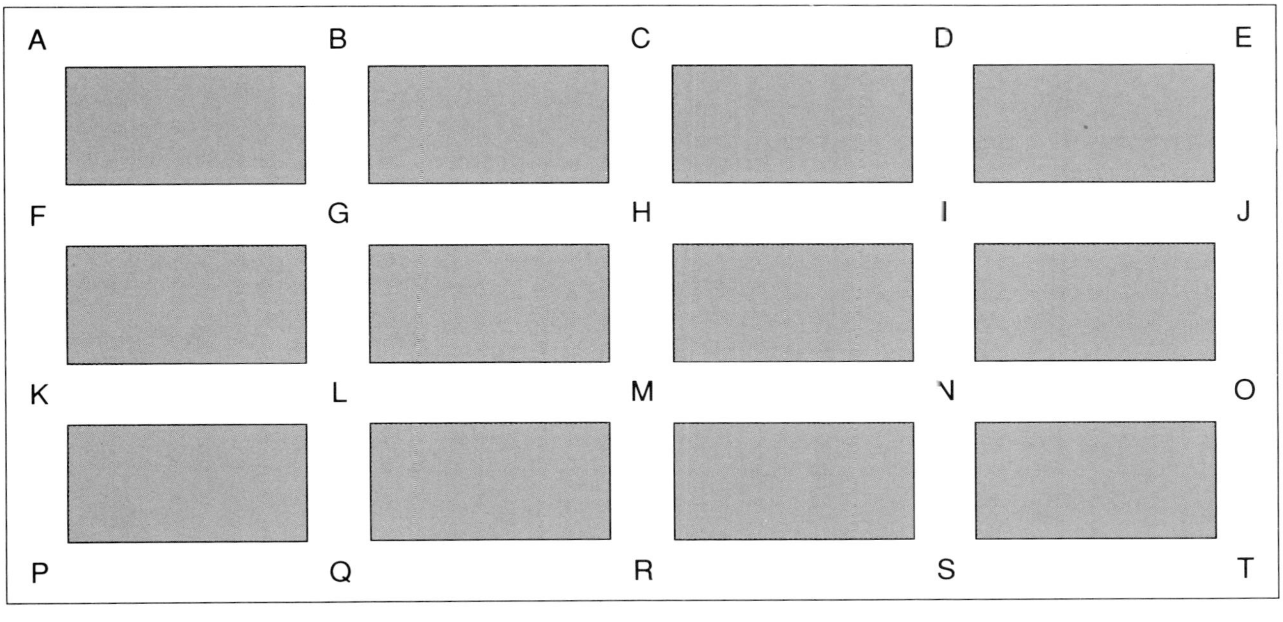

Das mathematische Hochhaus

Ausgang

Eingang

$\frac{4}{3}\pi r^3$
6
5
4
1+2+3
1
1 0 1
1 1 1 1
1 0 0 0 1
1 0 0 1 1
$\frac{1}{3}\pi r^2 h$
3
π
$\frac{22}{7}$
2
$\frac{4}{4}+\sqrt{4}+\sqrt{4}$
$5\sqrt{3125}$
25
9
16
1
4
9
16
49
36
25
IV
$1^3+5^3+3^3$
V

Keltische Knoten

Um 500 v. Chr. kamen die Kelten zum ersten Mal nach Britannien. Sie waren Heiden, die mehreren Göttern huldigten. Eine ihrer Regeln untersagte die realistische Darstellung ihrer Gottheiten. So entwickelten die Kelten sehr aufwendige künstlerische Muster, um ihre Götter und sich selbst zu verherrlichen.

Ein keltisches Kreuz

Im 7. Jh. n. Chr. wurden die Kelten christianisiert, ihre Kunst jedoch lebte weiter, nun um Christus zu verehren. Hier kannst Du ein steinernes keltisches Kreuz sehen. Obwohl auch an ihm die Zeit ihre Spuren hinterlassen hat, kannst Du noch gut die verschlungenen Muster erkennen.
Unten siehst Du, wie ein einfacher keltischer Knoten entsteht. Kannst Du ihn zeichnen? Das dünne Grundgerüst solltest Du mit Bleistift ziehen und wegradieren, wenn Du mit den Kreislinien beginnst.

Unten siehst Du einen anderen keltischen Knoten. Kannst Du ihn zeichnen?

Station 1: Benutze ein Rautengitter und markiere Punkte.

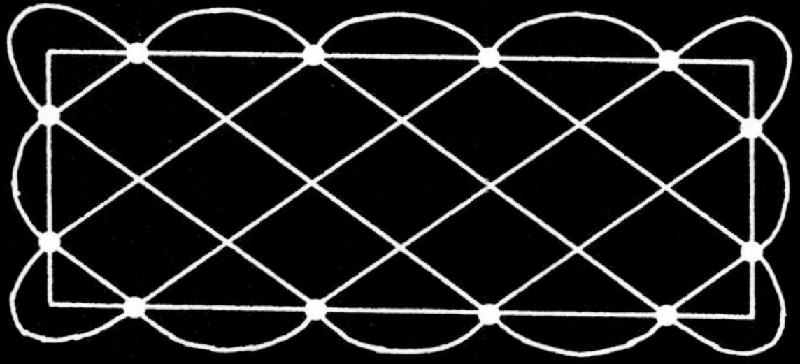

Station 2: Verbinde die Punkte mit dünnen Bleistiftstrichen. Die Verbindungen außerhalb sind bogig.

Station 3: Ziehe ein Band um alle Konstruktionslinien und achte dabei auf gleichmäßige Abstände. Stelle Dir vor, die Linien seien ein Weg und Du trägst die Pfade um sie herum ein.

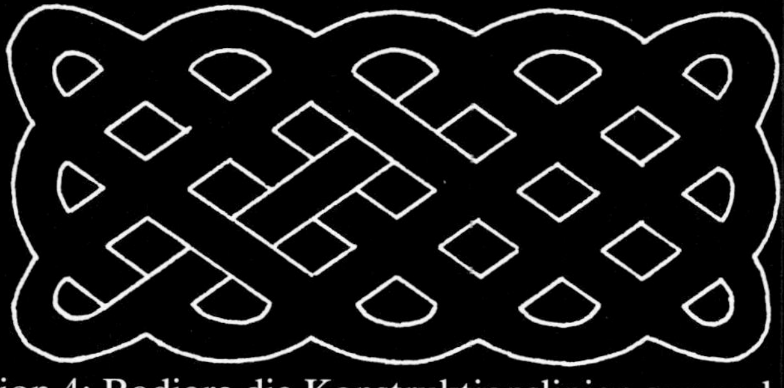

Station 4: Radiere die Konstruktionslinien aus und beginne mit den Kreislinien in einer Ecke, von der aus Du dann verwebst, rauf und runter …

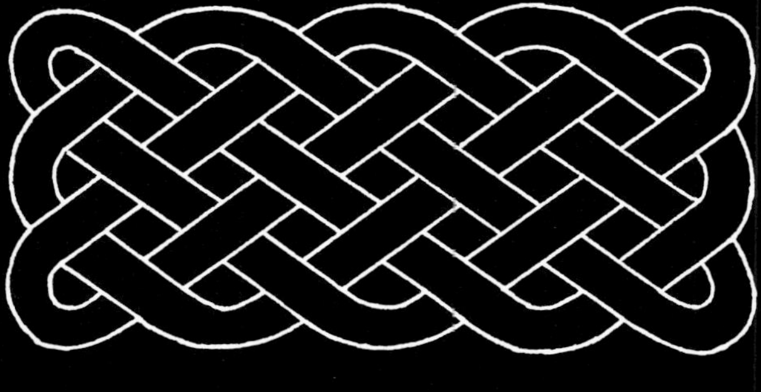

Entwurf eines Streifenmusters aus keltischen Knoten

Dieser Typ des verwobenen Knotenmusters ist kennzeichnend für die Pikten. Sie waren ein Volksstamm aus dem Norden Britanniens und entdeckten, daß bestimmte Eigenschaften eines aus Rauten zusammengesetzten Rechtecks eine durchgehend verwobene Linie erlaubt. Damals stand ein solches Muster für die Ewigkeit – ewiges Leben. Vielfach gelten folgende Regeln:

1. Die Anzahl der Punkte zweier aneinandergrenzender Seiten haben keinen gemeinsamen Teiler (beispielsweise fünf und vier, vier und drei).
2. Die Eckpunkte liegen in der Mitte der Zwischenräume.

In unserem Beispiel haben die obere und untere Linie vier und die beiden Seiten zwei Punkte. Damit begegnest Du bereits einer der wenigen Ausnahmen der Regel, doch handelt es sich hier um ein wirklich einfaches Muster für den Anfang.
Versuche, auf diese Weise Deine eigenen Webmuster zu entwerfen.
Die Pikten arbeiteten sehr genau, da sie annahmen, Gott würde ihre Fehler entdecken. Der Bildausschnitt auf Seite 26 zeigt einen kleinen Teil der ersten Seite vom St. John's Evangelium des berühmten Lindisfarne Evangeliums, das um 698 n. Chr. im entfernten northumbrischen Kloster auf Lindisfarne geschrieben wurde. Dieses schöne Buch liegt im British Museum in London aus.
Andere Beispiele finden sich in den Books of Durrow, Kells und Armargh. In einem Ausschnitt des Buchs von Armargh finden sich nicht weniger als 158 Verwebungen eines Bandes auf einem knappen Quadratzentimeter.

Nun versuche Dich an anderen Mustern, z. B. vier mal drei. Beginne mit einer Figur in der Mitte, die Du umwebst. Vielleicht reizen Dich weitere authentische Muster nach den Regeln der Pikten. Hast Du schon einmal daran gedacht, Grußkarten mit Deinen Entwürfen zu verschönern?

Inselwege

Aufgaben, in denen der richtige Weg verfolgt oder eingetragen oder die richtigen Verbindungen hergestellt werden, sind nicht nur labyrinthähnlich, sondern haben auch einen mathematischen Hintergrund. Wenn Du die Lösung Deiner Aufgabe entdeckst, so entspricht dies dem labyrinthähnlichen Teil, suchst Du noch nach der Antwort, überprüfst ihre Richtigkeit oder untersuchst später ähnliche Herausforderungen, so ist dies der mathematische Teil. Jeder dieser Inselwege führt zu einer Lösung und jede Aufgabe bietet viele weitere Untersuchungsmöglichkeiten.

Einige Inselprobleme

In der folgenden Aufgabe sollen Inseln durch Brücken miteinander verbunden werden.
Für die Bewohner der drei Inseln soll die Möglichkeit geschaffen werden, einander auf jeder der Inseln besuchen zu können.

Warum denkt man, dieses 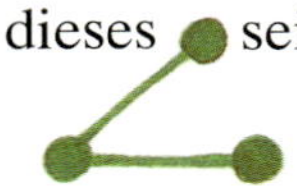 sei dasselbe wie das? 

Auf wie viele verschiedene Arten lassen sich vier Inseln durch drei Brücken so verbinden, daß jeder alle vier Inseln besuchen kann?

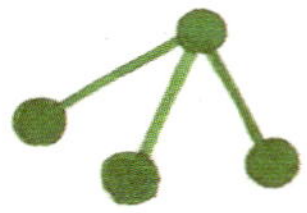

Wie sieht es bei fünf Inseln und vier Brücken aus? Untersuche verschiedene Verbindungen für andere Inselgruppen.

Eine weitere Inselaufgabe

Lassen sich sechs Inseln so verbinden, daß von drei Inseln drei Brücken ausgehen, von zwei Inseln zwei Brücken und von einer Insel nur eine Brücke?

Waren verteilen

Rechts siehst Du eine Karte, die den Weg des Schiffes zeigt, das die Vorräte zu den fünf Inseln bringt. Solltest Du die Reise, in A beginnend, in Pfeilrichtung verfolgt haben, konntest Du feststellen, daß manche Inseln mehr als einmal besucht werden müssen. Von welcher Insel hätte das Schiff starten können, um seine Reise erfolgreicher zu gestalten? Das Schiff kann jede Route genau einmal befahren, und zwar in der von den Pfeilen gewiesenen Richtung. Welche anderen Routen hätte das Schiff auch wählen können?

Hier sind noch weitere Karten, um Dich ans Grübeln zu bringen. Auf einer Karte kann der Weg nur verfolgt werden, wenn man die Richtung eines Pfeils ändert. Welche Karte? Welcher Pfeil?

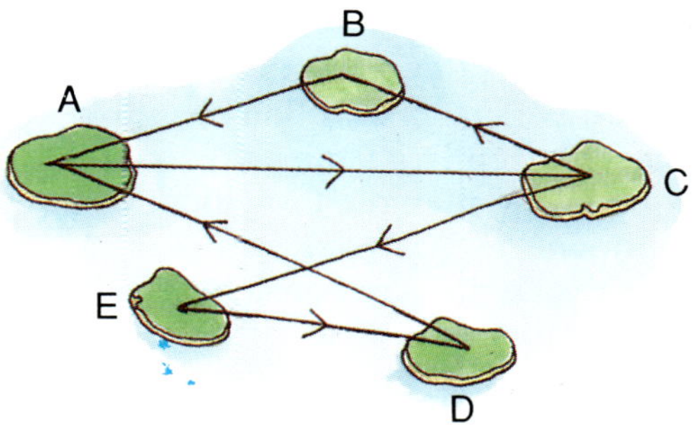

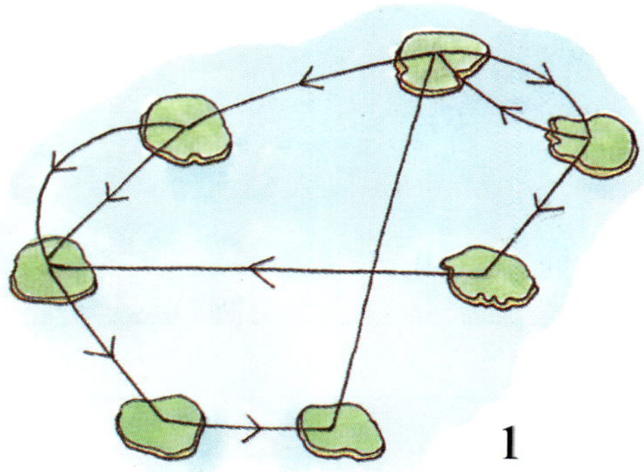
1

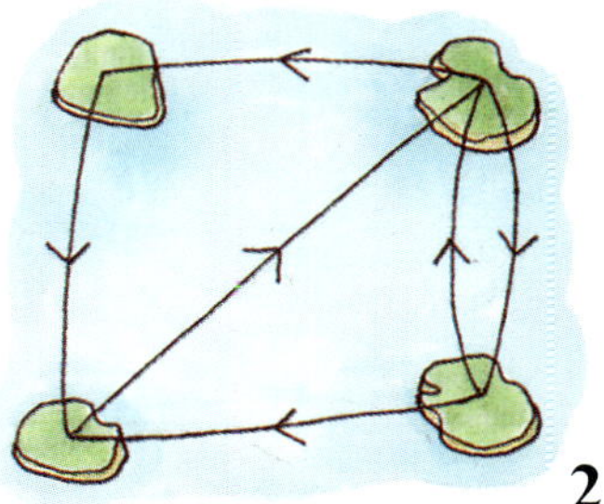
2

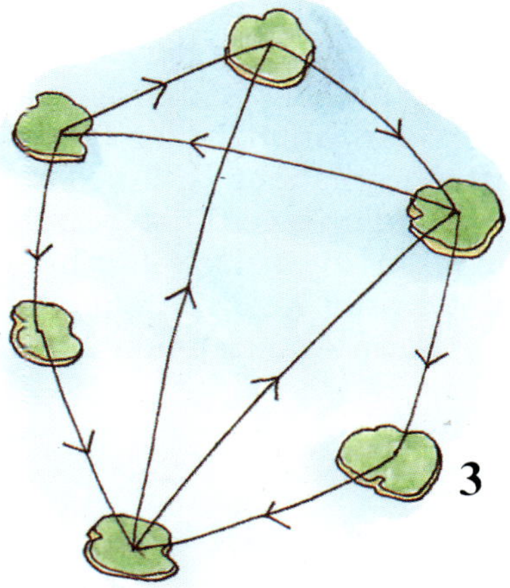
3

An Bord

Der Wind hat sich gelegt, die See ist ruhig. Die Crew an Bord des Schiffes hat die Segel getrimmt und das Deck geschrubbt. Nun sitzt die Mannschaft zusammen und bespricht eine Aufgabe, die ihnen Kapitän Rowenta gestellt hat.

Sie besagt: „Hier sind 30 Mitglieder der Crew und da sind 30 Ananas sowie 10 Kokosnüsse. Wie können die Früchte in einem Kreis arrangiert werden, daß nur die 10 Kokosnüsse auf Deck liegen bleiben würden, nähme jeder der 30 Seeleute jede zwölfte Frucht." Wie läßt sich diese Aufgabe einfacher gestalten?

Versuche es mit drei Seeleuten, drei Ananas, einer Kokosnuß und der Erlaubnis, nur jede dritte Frucht zu entfernen.

Noch mehr Labyrinthe

Labyrinthe sind für uns in der Regel gleichbedeutend mit der Auflösung von Rätseln. Wir denken vielleicht an viele Wege, die von schmalen Hecken eingefaßt sind, um uns die Sicht auf den weiteren Verlauf zu versperren. Hier gilt es dann erst die Mitte und anschließend den Weg nach draußen zu entdecken. Doch diese rätselhaften Irrgärten sind eine relativ neue Erfindung, wenn man die Geschichte der Labyrinthe betrachtet.
Ihre Vorgänger waren die Kirchen- und Torflabyrinthe. Den Kirchenlabyrinthen kann man in Europa und Nordafrika begegnen, die Torflabyrinthe befinden sich in England. Sie wurden in den Torf geschnitten, üblicherweise in der Nähe einer Kirche oder eines alten Klosters. Nicht selten waren sie Kopien von Kirchenlabyrinthen des Kontinents, die Pilger besucht hatten. (Pilger sind Leute, die an heilige Orte reisen, als Ausdruck ihres religiösen Glaubens.) In den meisten Fällen war der erhabene Torfweg der begehbare Teil und die beidseitigen Gräben stellten die „Wände“ dar. An manchen Orten bildete auch umgekehrt der erhabene Torf die Wände und die Gräben waren die Wege. Leider sind nur acht Torflabyrinthe bis ins zwanzigste Jahrhundert erhalten geblieben. Obwohl viele von ihnen umgepflügt wurden, erinnern Aufzeichnungen an ihre Existenz.

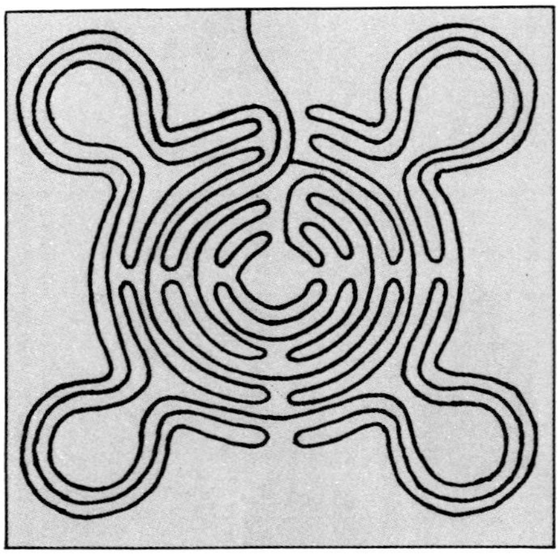

Torflabyrinth von Sneiton, Nottinghamshire.

Torflabyrinth von Saffron Waldon.

Torflabyrinth von St Catherine's Hill, Hants.

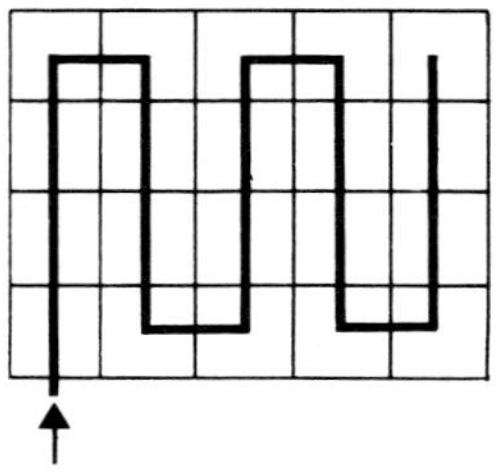

Rechteckige Irrgärten

Beginne beim Pfeil und ziehe eine Linie genau einmal durch die Mittelpunkte aller Quadrate. Deine Linie darf sich an den Ecken nicht überkreuzen. Wie viele Torflabyrinthe kannst Du in Rechtecken dieser Größe entwerfen? Du kannst mit Deinem Irrgarten in jedem beliebigen äußeren Quadrat beginnen.
Untersuche Muster für Torflabyrinthe in Rechtecken anderer Größe.

Mühle

Dieses Spiel aus dem vierzehnten Jahrhundert konnte entweder auf einem Brett oder einer Dorfwiese, in die das Muster mit einer Kelle aus dem Rasen gestocken war, gespielt werden.

Mühle, auch unter den Namen Nine men's morris, Morelles, Jeu de Moulin oder Merels bekannt, wurde im Mittelalter in ganz Europa gespielt. Bei diesem Spiel für zwei Spieler wird entweder der Gegner mit Spielsteinen blockiert oder es werden die gegnerischen Spielsteine erobert.

Die Regeln

Jeder Spieler wählt neun Steine einer Farbe. Ziel des Spiels ist es, alle gegnerischen Steine bis auf zwei zu entfernen oder den Gegner so einzukreisen, daß er nicht mehr ziehen kann.

Erster Teil des Spiels:
Die Spieler setzen abwechselnd ihre Steine, die sich farblich voneinander unterscheiden, auf beliebige freie Punkte des Brettes. Ziel ist es, drei Steine in einer Reihe zu erhalten, was als „Mühle" bezeichnet wird.
Mit jeder Mühle, die ein Spieler schließt, kann er einen Stein des Gegners vom Brett entfernen. Vor dem Zugriff geschützt sind nur die Steine, die bereits in einer Mühle liegen, solange sich noch andere Steine im Spiel befinden. Ein einmal entfernter Stein spielt im weiteren Verlauf keine Rolle mehr.
Die Spieler setzen weiter abwechselnd ihre Steine, bis alle achtzehn abgelegt sind.
Zweiter Teil:
Nun werden Spielsteine abwechselnd auf den nächsten freien Platz des Brettes geschoben. Eine Mühle kann „geöffnet", indem einer der drei Steine verschoben wird, und im nächsten Zug wieder „geschlossen" werden. Jedesmal, wenn eine Mühle gebildet oder erneut geschlossen wird, kann ein gegnerischer Stein entfernt werden. Es muß immer gezogen werden, auch wenn das den Verlust eines Steines beim nächsten gegnerischen Zug bedeutet. Verloren hat, wer nur noch zwei Steine besitzt oder von seinem Gegner, seiner Gegnerin, blockiert ist.

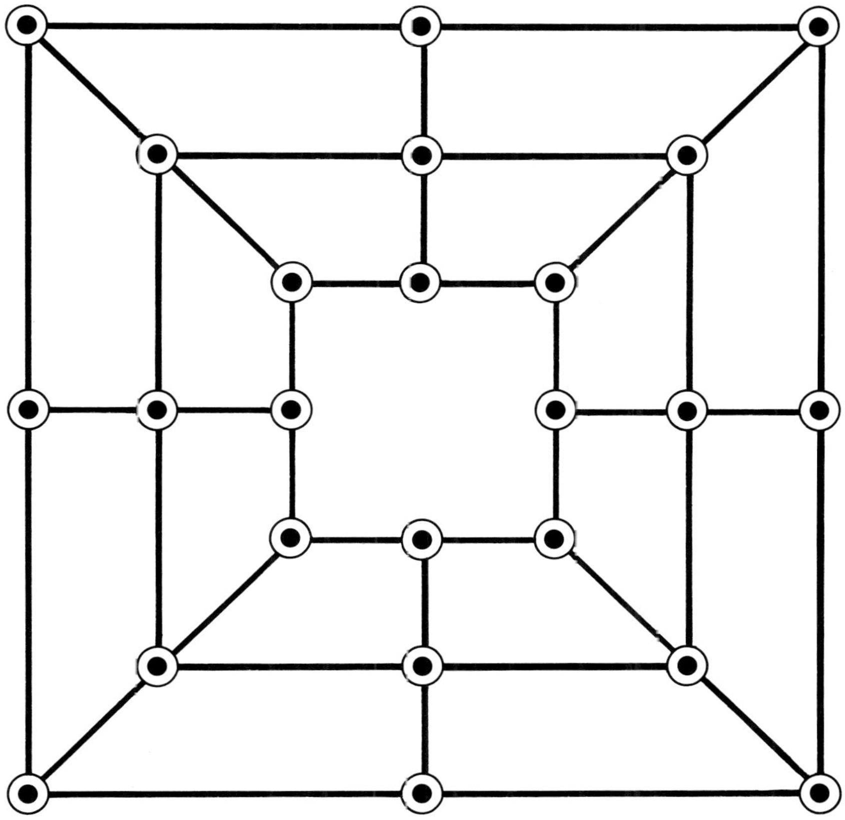

Von hier nach da

Die Menschen entwerfen ständig neue Labyrinthe, indem sie Straßennetze bauen, in denen man herumlaufen muß, will man von einem Ort zu einem anderen gelangen. In manchen von diesen Labyrinthen lassen sich die Wege einfacher finden als in anderen.

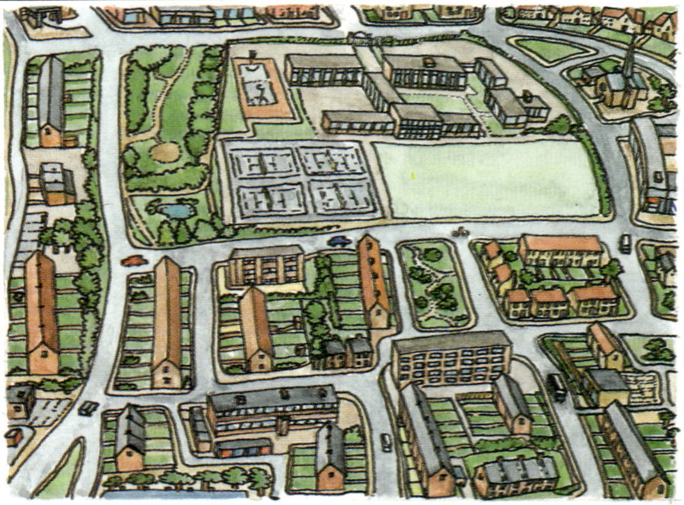

Wie einfach ist es, Deinen Weg von Zuhause bis zur Schule zu finden? Kommen auf Deinem Weg irgendwelche Änderungen vor, mußt Du beispielsweise verschiedene Straßen entlanggehen oder fährst Du womöglich mit verschiedenen Transportmitteln? Für Menschen in Großstädten gibt es hier zum Teil recht komplexe Änderungen.

Knotenstadt

Wenn Du mit dem Auto durch ein Netz von Einbahnstraßen fährst, kann es Dir passieren, daß Du zwar sehr nahe an Deinem Ziel vorbei kommst, es aber nicht auf dem direkten Weg erreichst, sondern erst in eine andere Richtung davongeleitet wirst. In der Knotenstadt verlaufen die Straßen entlang eines Gitters, über das ein komplexes Einbahnstraßensystem gelegt wurde. Da es hier keine Straße gibt, die einmal rund um die Stadt führt, benutzen die Leute, die durch Knotenstadt fahren müssen, in weiser Voraussicht zunächst die Straßenkarte. Findest Du einen Weg durch die Stadt?

Regeln
1. Du darfst in eine Straße nur in Pfeilrichtung einfahren.
2. Du darfst eine Straße nur in Pfeilrichtung verlassen.

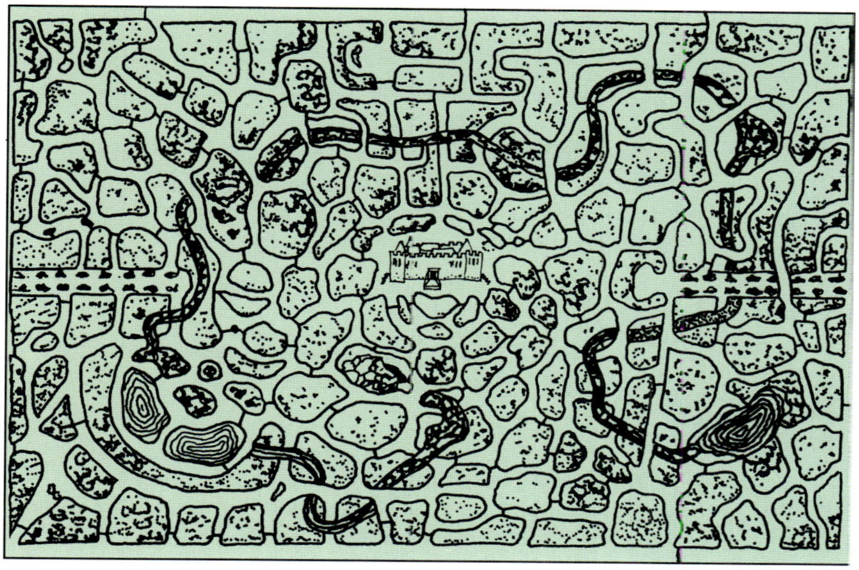

Das Schloß im Wald

Das Schloß liegt inmitten eines Waldes, durch den sich ein Fluß schlängelt und in dem sich wunderschöne grüne Täler entlangziehen. Über viele Wege sind Zäune gezogen, die den Durchgang verhindern. Der Reisende muß den Weg zum Schloß finden, der über eine Brücke führt und nicht durch den Fluß, der zudem weder durch einen Zaun versperrt ist, noch an irgendeiner Stelle zweimal betreten werden muß. Der Eingang befindet sich auf der rechten Seite. Findest Du den Weg zum Schloß?

Der Londoner Untergrund

Die Karte der Londoner Untergrundbahnen ist ein wunderbarer Ausgangspunkt für viele interessante Aufgaben. Vielleicht begibst Du Dich zunächst an die Frage unten auf der Seite und überlegst Dir anschließend eigene Fragestellungen anhand des abgebildeten U-Bahnnetzes.

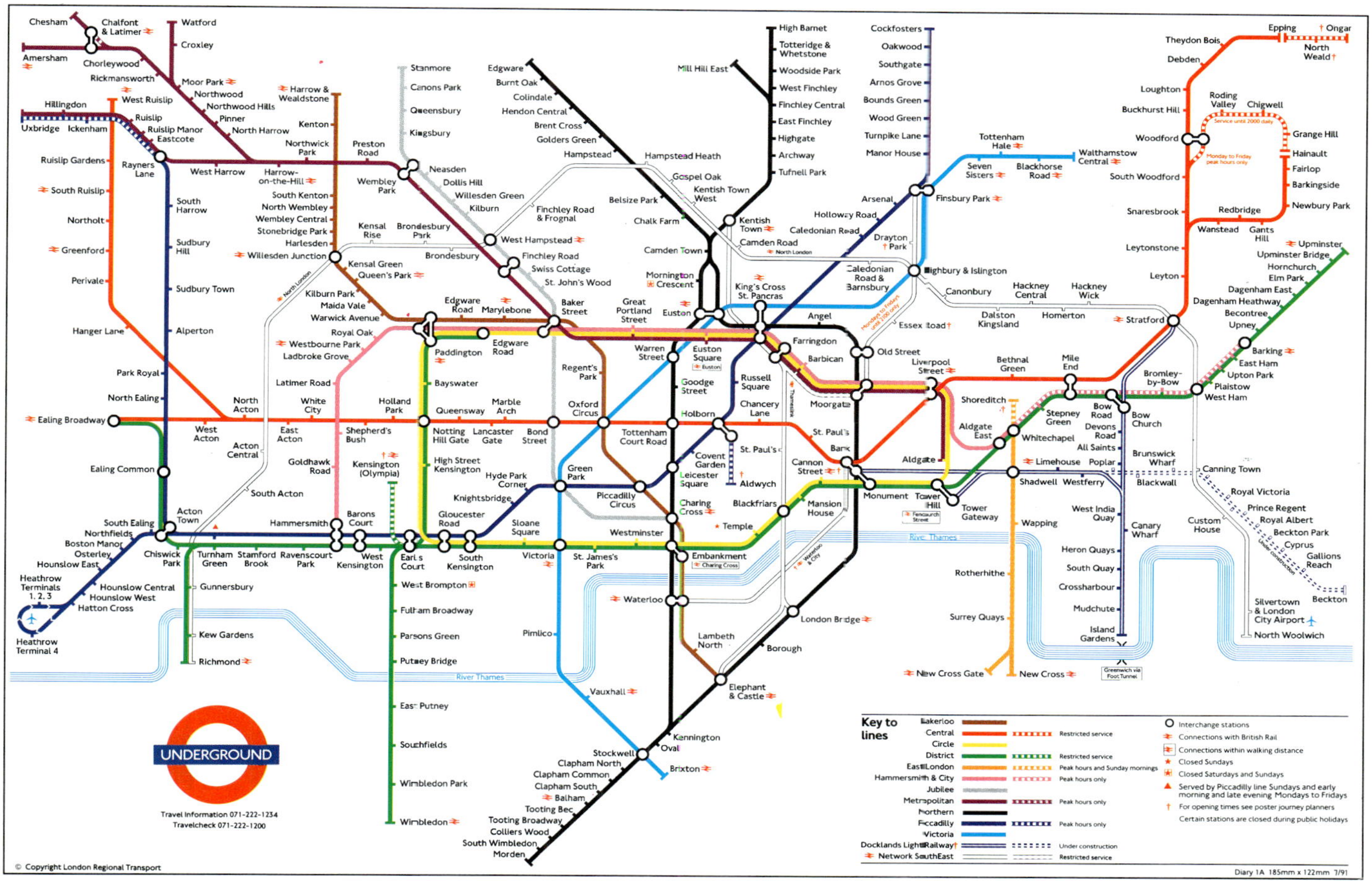

LRT Registered User No. 92/1558

Neun verschiedene U-Bahnlinien bilden das Untergrundnetz. Sie fahren 272 Stationen an, die über ein Schienennetz von 404 km Länge verteilt sind.

Wie viele Wege findest Du, um von Westminster zum St James' Park zu fahren, wobei auf jeder Reise jede Strecke nur einmal befahren werden darf?

Schnur und Knoten

Katzenwiegen

Schlaufenspiele werden in der ganzen Welt gespielt, man findet sie bei den Eskimos des arktischen Nordens genauso wie bei den Aborigines in den heißen Gebieten Australiens. In den verschiedenen Kulturen wurden unterschiedliche Materialien verwandt, wie Streifen von Seehundfellen, Pflanzenfasern und geflochtenes Menschenhaar. Die mit der Schnur gebildeten Figuren haben oft Namen und man kann, während sich ihr Muster entwickelt, eine Geschichte dazu erzählen.
In den Vereinigten Staaten und in Großbritannien werden diese Schlaufenspiele „Katzenwiegen“ genannt. Es können zwei Kinder zusammenspielen, indem sie das Muster verändern, während sie die Schlaufe vom einen zum anderen wandern lassen.
Das hier vorgestellte Katzenwiegenspiel stammt aus Australien. Es zeigt eine Person, die einen Baum hochklettert.
Beginne mit einer zwei Meter langen Schlaufe.

1. Die Ausgangsposition: Hänge die Schlaufe um Deine Daumen und nimm die Schlaufe mit Deinen kleinen Fingern so auf, daß die Schnur über Deine Handinnenflächen läuft.

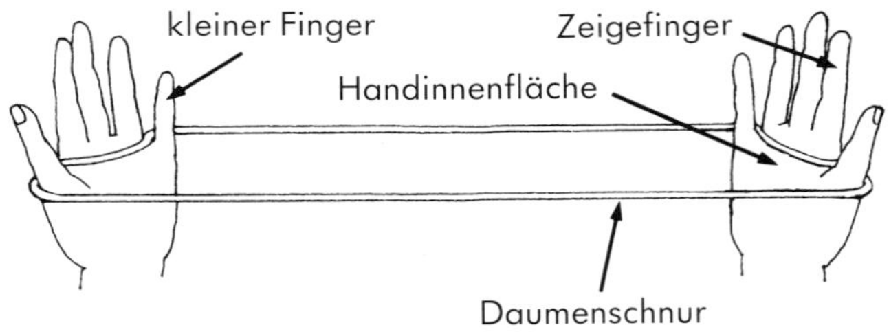

2. Fahre nun mit jedem Zeigefinger von unten durch die Schnur, die über die Handinnenfläche der anderen Hand verläuft.

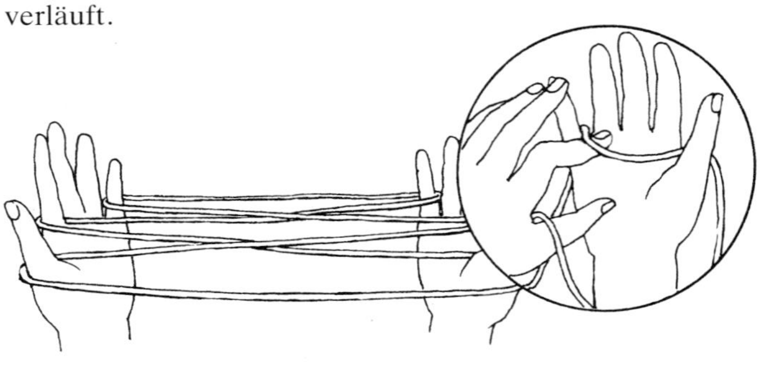

3. Gehe mit Deinen kleinen Fingern über alle Schnüre, fahre unter die Daumenschnur und ziehe sie vorsichtig zurück. Um jeden kleinen Finger sollten jetzt zwei Schlingen liegen.

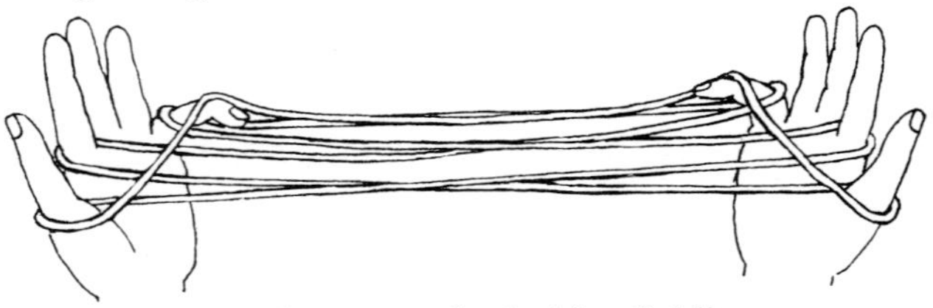

4. Nun mußt Du die untere der beiden Schlingen um Deine kleinen Finger über die obere heben. Dafür kannst Du Deine Zähne oder Daumen und Zeigefinger der jeweils anderen Hand zuhilfe nehmen. Hebe diese unteren Schlingen von Deinen kleinen Fingern und lasse sie neben den Schlaufen um den Zeigefingern liegen.

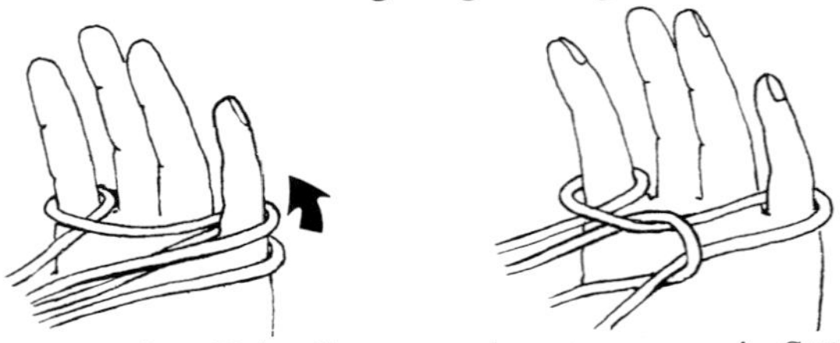

5. Klappe Deine Zeigefinger nach unten, um ein Stück Schnur, daß quer über die Handinnenflächen führt, festzuhalten.

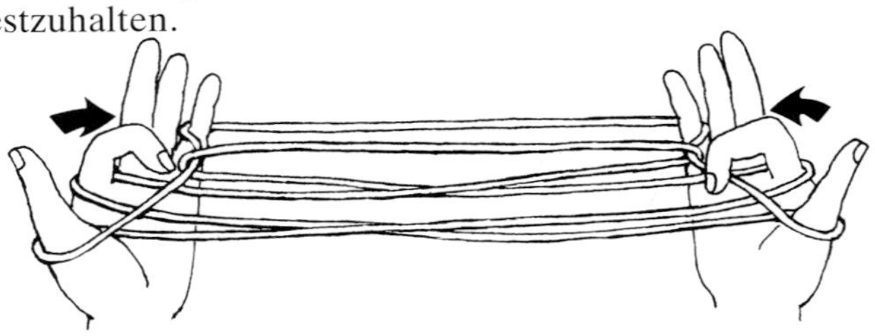

6. Halte mit Deinen Zeigefingern die Schnur gut fest, während Du einen Fuß in die von den kleinen Fingern gehaltene Schlaufe führst. Laß die Schnur von Deinen kleinen Fingern fallen.

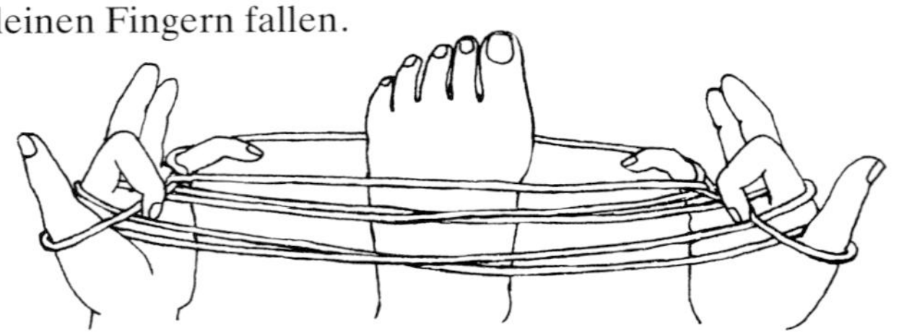

7. Entferne mit den Daumen die Schlaufen um den jeweils anderen Daumen und ziehe vorsichtig alle Finger raus, wobei die Zeigefinger die jeweiligen Schnurstücke weiterhin festhalten müssen.

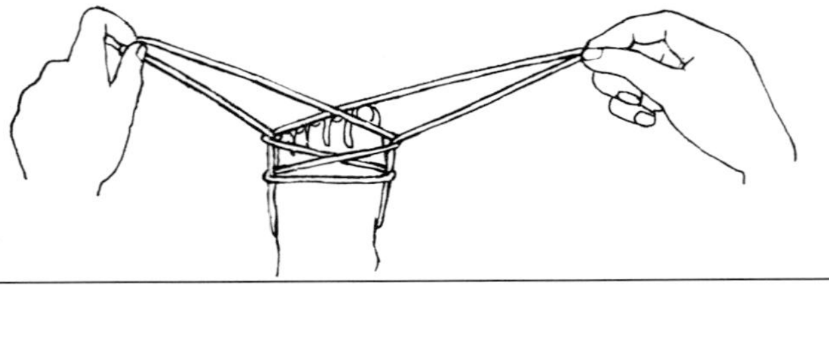

8. Während Du vorsichtig ziehst, kannst Du die Figur einer Person erkennen, die einen Baum hochsteigt: Die Rautenform ist der Körper und das untere Dreieck stellt die Beine dar, die um den Stamm (Dein Bein) gelegt sind. Während Du Deine Hände abwechselnd hochziehst, kannst Du die Figur den Baum hochklettern lassen. Sie wird allerdings kleiner auf ihrem Weg zur Spitze.

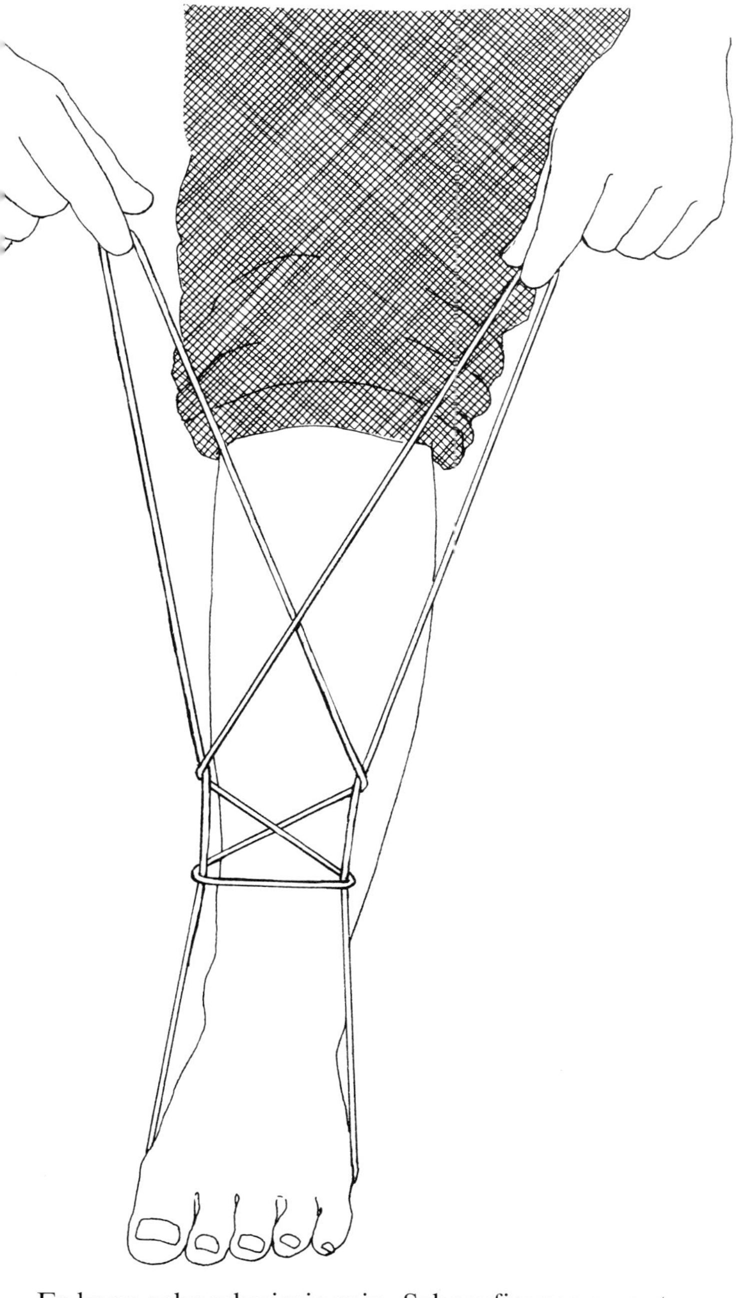

Es kann sehr schwierig sein, Schnurfiguren zu entwerfen. Deshalb übe es einige Male und beachte dabei genau die Abbildungen. Wenn Du Deinen Schnurkletterer beherrschst, erfinde eine Geschichte für seinen Weg nach oben. Die kleinen Finger könnten beispielsweise Vögel sein, die Wäsche von der Leine stehlen, während sie die Daumenschnur aufnehmen.

Knoten und Aufziehknoten

Die Auseinandersetzung mit Knoten ist ein Teil eines mathematischen Gebietes, das Topologie genannt wird (siehe S. 14). Knoten sind für Topologen, wie viele weitere Dinge etwas leicht anderes, als was wir uns so gemeinhin darunter vorstellen. Bevor wir mit der Betrachtung der Knoten beginnen, müssen wir uns zuerst den Aufziehknoten zuwenden. Der Aufziehknoten ist eine unverknotete Schlaufe.

Dies ist ein Aufziehknoten

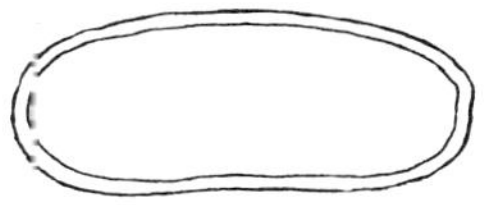

Wenn Du die unverknotete Schlaufe überkreuzt, bleibt sie ein Aufziehknoten. Erkennst Du warum?

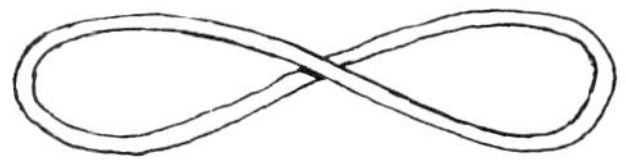

Wenn Du den Aufziehknoten mehrfach überkreuzt, bleibt er ein Aufziehknoten. Erkennst Du warum?

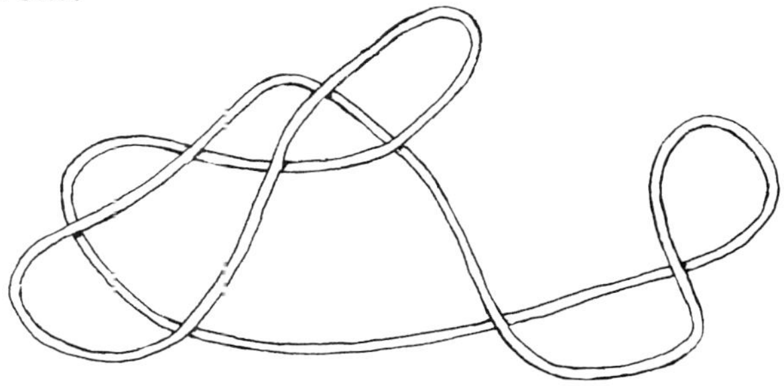

Diese Schlaufe hat nur drei Kreuzungspunkte – aber sie ist eine verknotete Schlaufe. Erkennst Du warum?

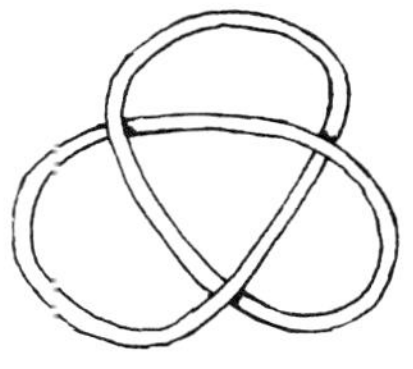

Unten siehst Du einen Knoten mit 14 Kreuzungspunkten. Wenn Du 2 Überkreuzungen veränderst, wird er ein Aufziehknoten. Du änderst ihn, indem Du den Teil der Schlaufe veränderst, der auf Kreuzungspunkten obenauf liegt. Welche 2 Kreuzungspunkte mußt Du verändern?

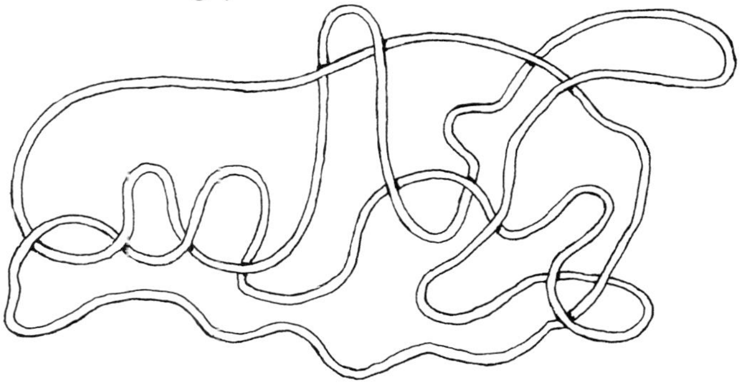

Rate Dich durch

Kannst Du Dich bis zur Mitte durchraten und dort die richtige Blume erkennen?

1. Die königlichen Gärtner hatten in jedes der Dreiecksbeete eine einzige Rose gepflanzt. Die Rosen sollten, laut Anordnung, genau im Mittelpunkt zwischen der Spitze und der Grundlinie stehen. Dummerweise wurde eine nicht vorschriftsgemäß gepflanzt. Welche Farbe hat die richtig gepflanzte Rose?

7. Eines der Mädchen hatte die Farbe über den Rasen gekippt.
„Jetzt reicht's," sagte die Klubkönigin, „wer von Euch hat das getan?"
Rubin sagte: „Scharlachrot hat die Farbe über das Gras geschüttet. Ich habe nichts verschmutzt."
Scharlachrot sagte: „Rosa hat es getan, Rubin würde so etwas nie tun."
Rosa sagte: „Ich war's, Scharlachrot würde nie so unordentlich sein."
Violett sagte: „Nicht Rosa hat die Farbe verschüttet, sondern Rubin ist diejenige, die es getan hat."
Jedes der Mädchen machte zwei Aussagen, eine richtige und eine falsche. Kannst Du herausfinden, wer die Farbe verschüttet hat?

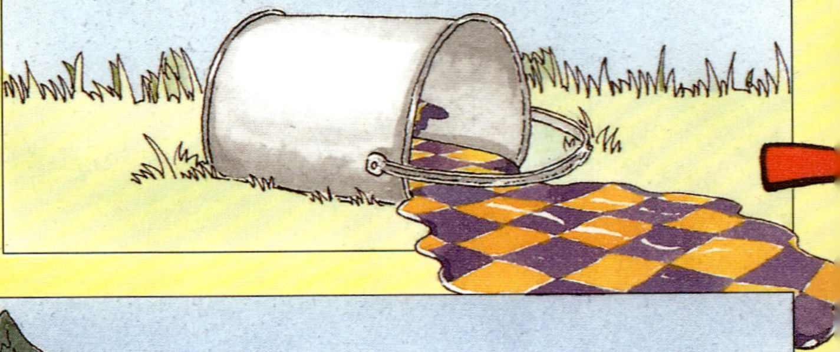

2. Die Cheshire Katze hat sich in einem der Bäume versteckt. Kannst Du mit Hilfe der folgenden Hinweise die Farbe des Baumstammes herausfinden, in dessen Zweigen das Versteck ist?

(a) Die Katze steckt nicht in einem Baum, von dessen Stamm eine ungerade Zahl an Zweigen abgeht.
(b) Die Katze sitzt in einem Laubbaum (der seine Blätter im Winter verliert).
(c) Die Katze ist nicht im höchsten Baum.
(d) Die Katze ist nicht im kleinsten Baum.
(e) Der Katzenbaum würde einen großen Schatten werfen.
(f) Der Katzenbaum trägt keine Früchte.
(g) Der Stamm des Katzenbaumes ist nicht der breiteste.

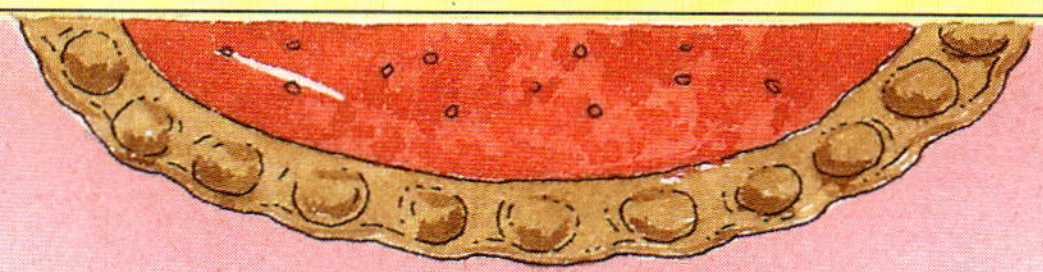

6. Wer aß die Törtchen? Die Königin nahm Platz und schaute traurig auf ihren leeren Teller herab. „Ich habe den Jungen erlaubt, je zwei Törtchen zu essen, doch Indigo, weil sie so klein ist, sollte nur eines bekommen, damit eines für mich übrig bleiben würde. Kaum habe ich mich umgedreht, schon war alles aufgegessen. Als ich sie fragte, antwortete mir Indigo, sie hätte nur eines, Jack dagegen drei gegessen. Jack jedoch behauptete, nicht mehr als Indigo gegessen zu haben und Jobe hätte sich nur zwei Törtchen genommen. Jobe schließlich antwortete, Indigo hätte mehr als ein Törtchen gegessen und Jack nur zwei. Also muß einer von Euch lügen," sprach die Königin. Kannst Du herausfinden, wer hier lügt?

5. „Es ist um unsere Köpfe geschehen," sagt Gärtner A zu Gärtner B, „wenn wir nicht die Farbe der Tulpe unter dem Stiefel erraten." „Kein Problem," sagt B, „wir bekommen die nötigen Hinweise von den anderen Blumen." Welche Farbe hat die Blume unter dem Stiefel?

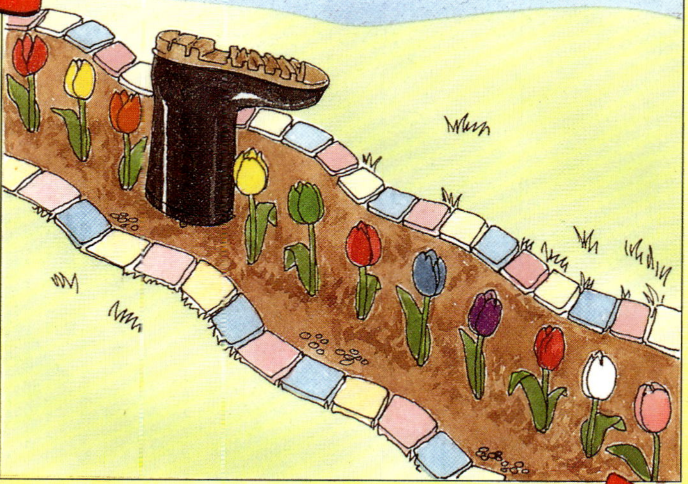

Hier bist Du in der Mitte angelangt. Welche der drei Blumen würdest Du pflücken?

4. Die Raupe ruft Dich an. Sie stellt Dir eine Frage: „Fünf Freunde hatten jeder ein Getränk bestellt. Maria nahm nicht das gelbe. Sahib trank nicht das blaue. Sam haßt alle grünen Getränke. Obwohl Roberts Lieblingsfarbe orange ist, nahm er nicht dieses Getränk. Shelini würde nie etwas rosafarbenes essen oder trinken. Shelini trank aus dem Glas, das entweder rechts oder links außen in der Reihe steht. Sam trank aus dem Glas, das neben dem orangen Getränk steht, nachdem eine Frau schon von der blauen Flüssigkeit getrunken hatte. Welche Farbe hat Roberts Getränk?

Entwerfe Deinen eigenen Rätselpfad.

3. Der verrückte Hutmacher hat doch tatsächlich einen Würfel mit einer Haselmaus angestrichen. (1) und (2) zeigen alle Seiten des bunten Würfels. Kannst Du die Farbe der Seite herausfinden, die in (3) auf dem Boden liegt?

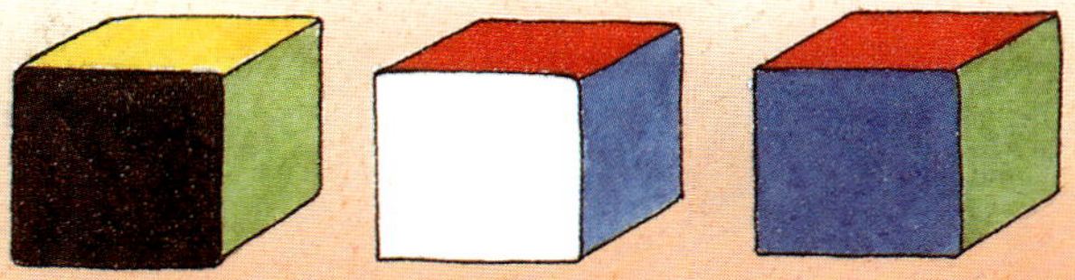

Heckenlabyrinthe

Airofilms Ltd

Der berühmteste Irrgarten Englands liegt auf dem Gelände von Hampton Court Palace. Er wurde 1690 von zwei britischen Landschaftsgärtnern, namens London und Wise, für William III angelegt. Das Hampton Court Labyrinth erstreckt sich über ein Gelände von 1000 Quadratmetern. Seine längste Seite ist nur 68 Meter lang, dennoch summieren sich alle Wege auf eine Strecke von einem dreiviertel Kilometer.

Hier ist eine Regel, die es Dir erleichtern wird, einen Weg durch das Labyrinth zu finden. Lege Deine rechte Hand gegen eine Seite der Hecke und folge ihr ohne Unterbrechnung, nehme sie also nie von der Hecke. Funktioniert die Regel in dem Plan für das Hampton Court Labyrinth? Betrittst Du alle Wege?

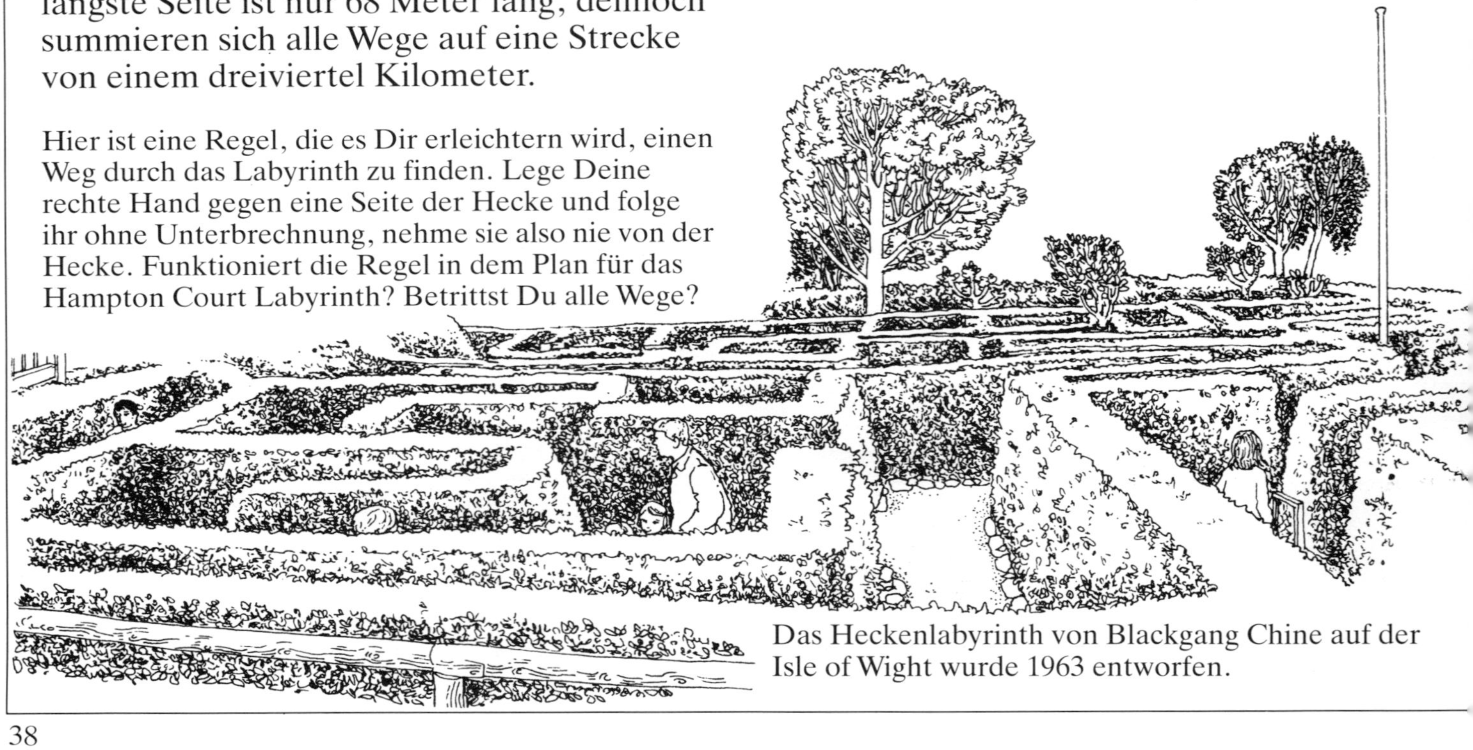

Das Heckenlabyrinth von Blackgang Chine auf der Isle of Wight wurde 1963 entworfen.

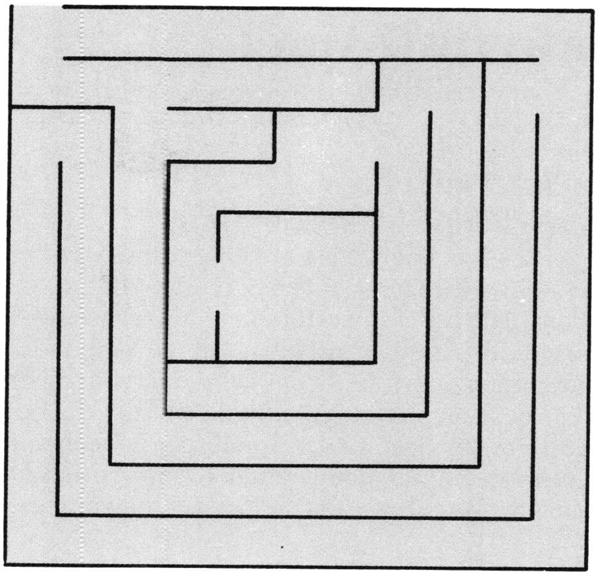

Unentwirrbare Irrgärten

Funktioniert die Regel immer, die rechte Hand stets auf einer Seite der Mauern eines Irrgartens zu halten, um den Mittelpunkt und den Weg nach draußen zu finden? Überprüfe die rechtshändige Regel an dem nebenstehenden Irrgarten.

Der untere Plan entspricht dem Labyrinth von Hatfield House in Hertfordshire. Überprüfe die Regel von der rechten Hand.

Wie ergeht es Dir? Warum gelangst Du nie in die Mitte? Warum denkst Du, daß die Regel nicht immer Gültigkeit hat? Wo liegen die Unterschiede zwischen dem ersten Labyrinth und dem von Hatfield House?

Gibt es eine Methode, nach der Du bei allen Typen von Irrgärten sowohl in die Mitte als auch wieder ins Freie findest? Kannst Du Dir vorstellen, welche Anweisungen Du jemandem geben würdest, damit der- oder diejenige sicher sein kann, einen Weg in die Mitte eines jeden Irrgartens zu finden?

Schreibe Deine Regeln auf und überprüfe sie an den oberen beiden Labyrinthen.

Labyrinthspiele

Ein Spiel mit einem Wahrscheinlichkeitslabyrinth

Für dieses Spiel benötigst Du eine Münze und bunte Spielsteine. Zunächst entscheidet die Münze, wer beginnt. Die Spieler werfen dann abwechselnd die Münze und ziehen, vom Startpunkt ausgehend, immer einen Schritt entsprechend der Münzoberseite. Die Züge verlaufen in Pfeilrichtung. Es besteht Zugzwang, auch wenn der Spieler zurückgehen muß. Solltest Du einmal nicht ziehen können, mußt Du aussetzen. Wer zuerst im Ziel ist, hat gewonnen.

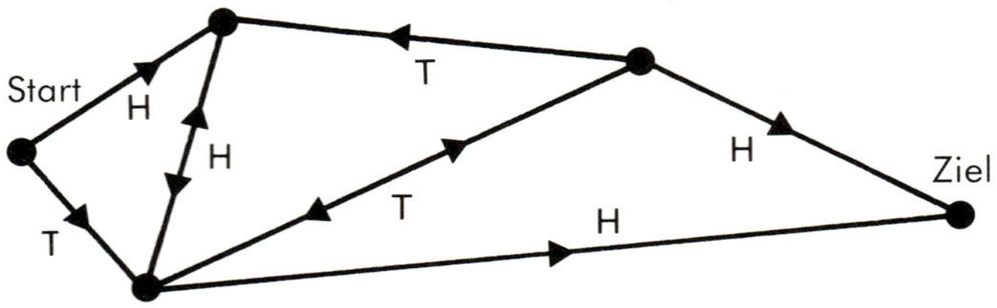

Wenn Du das Spiel auf diesem Brett gespielt hast, entwerfe Dein eigenes. Wähle die Anzahl der Punkte, erstelle Regeln, um zu entscheiden, welche Wege Kopf und welche Zahl sind und in welche Richtung gezogen werden darf.
Wie könntest Du das Spiel vereinfachen oder erschweren? Gibt es auch Spielbretter, auf denen sich das Ziel nicht erreichen läßt?

Ein mathematischer Irrgarten

Wenn Du diesen Irrgarten bezwingst, kannst Du auch selber ähnliche Labyrinthe entwerfen, die auf mathematischen Prinzipien beruhen.

Finde einen **geraden** Weg durch dieses Labyrinth.

In diesem Irrgarten gibt es keinen offensichtlichen Weg. Er hat drei wesentliche Bestandteile. Die Farben – rot, gelb, blau, grün – entsprechen den Zahlen 1, 2, 3, und 4, allerdings nicht unbedingt in dieser Reihenfolge. Das Produkt dieser drei „Zutaten", unter der Voraussetzung, daß sie richtig kombiniert wurden, sind alle ganzen Zahlen, die den einzigen geraden Weg vom Start zum Ziel weisen.

Fleißige Bienen

Dies ist ein Spiel für zwei bis vier Spieler. Du benötigst Spielsteine oder ausgeschnittene „Bienen" für jeden Spieler und 2 Würfel. Ziel ist es, Pollen von den 6 Blumen einzusammeln. Auf jeder Blume liegen vier Spielkarten, die die Pollen darstellen.
Der Spieler mit der höchsten Augenzahl beginnt und stellt seine Biene in die Mitte des Bienenstocks. Sollen die Bienen losziehen, muß mit beiden Würfeln gewürfelt werden. Die Biene darf nun in eine Nachbarwabe, wenn eine der beiden Würfelzahlen mit einer der Zahlen an den Öffnungen übereinstimmt. Sind beide Zahlen passend, entscheidet sich der Spieler, in welcher Reihenfolge er sie einsetzen will und zieht um die entsprechenden beiden Waben weiter. Die Zahlen müssen auf alle Fälle gezogen werden, auch wenn die Biene dadurch in die falsche Richtung wandert. Wenn keine Zahl paßt, muß die Biene eine Runde aussetzen. Es darf keine bereits belegte Wabe betreten werden.

Um zu einer Blüte fliegen zu können, muß die Biene in einer der Randwaben sein und die entsprechende Zahl auf einem der Würfel erhalten, um den Stock durch die betreffende Öffnung verlassen zu können. Sie darf weder auf eine besetzte Blüte, noch eine Blüte zweimal besuchen.
Auf einer Blüte gelandet, wird eine Pollenkarte aufgenommen. Wieder an der Reihe fliegt sie direkt in die zentrale Wabe des Bienenstocks, vorausgesetzt sie ist frei. Jetzt werden die Würfel geworfen, um die Reise zu einer anderen Blume zu beginnen.
Wird eine Biene durch Würfelpech zu einem zweiten Besuch einer Blüte gezwungen, muß sie die entsprechende Pollenkarte zurücklegen und beim nächsten Zug in die Mitte des Bienenstocks zurückkehren, um sich erneut auf den Weg zu begeben.
Gewonnen hat, wer als erster alle 6 Pollenkarten hat.
Dies sind nicht die Regeln des Originalspiels. Du kannst Dir auch eigene Varianten der Regeln ausdenken, beispielsweise nur eine Pollenkarte pro Blume oder gewonnen hat, wessen Biene als erste drei Pollenkarten ihr eigen nennt. Du könntest das Spiel auch erschweren, indem Du die Bienen den mühsamen Würfelweg zurück zur Mitte gehen läßt. Probiere aus, wie das Spiel am spannendsten ist.

Die verschiedensten Arten von Irrgartenspielen und -rätseln waren lange Zeit beliebt. Der Fabrikant Chad Valley brachte 1922 ein Spiel namens „Fleißige Bienen“ heraus, das auf einem labyrinthähnlichen Brett gespielt wird.

Weitere rätselhafte Irrgärten

Ein Haus als Labyrinth

Susanne hat Anweisungen gefunden, mit deren Hilfe sie den Schatz in einem verlassenen Haus mit einem Labyrinth aus Räumen heben kann. Das einzige Problem ist, daß auf der Karte drei Etagen aufgezeichnet sind, und sie nicht weiß, auf welche die Anweisungen bezogen sind. Kannst Du sagen, auf welchem Stock sie mit ihrer Suche beginnen sollte und wo der Schatz versteckt ist?

Betritt das Labyrinth aus Räumen durch die geöffnete Tür. Gehe durch die Dir gegenüberliegende Tür des ersten Raumes. Wenn Du im nächsten Raum stehst, drehe Dich nach rechts und gehe durch die Tür. Dann gehe durch die Tür zu Deiner Linken. Gehe abermals durch die Tür links von Dir und laufe dann geradeaus durch eine weitere Tür. Wenn Du durch die Tür zu Deiner Linken getreten bist, wirst Du den Schatz entdecken.

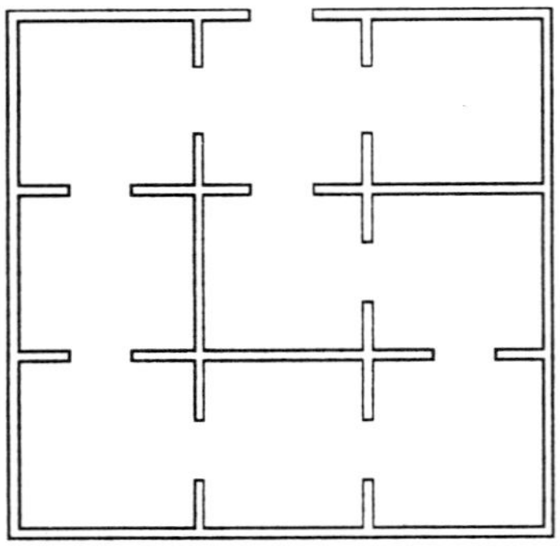

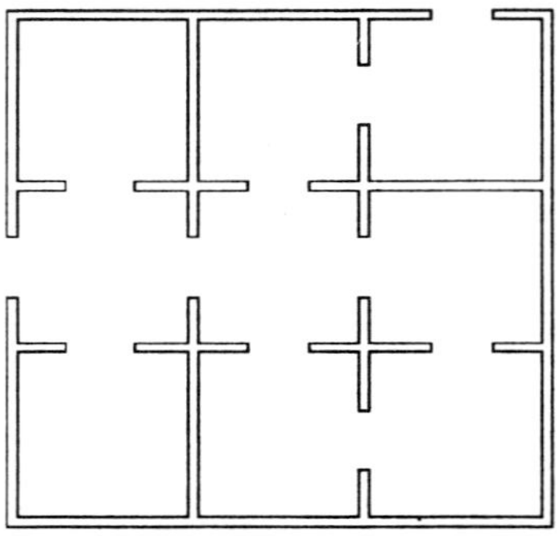

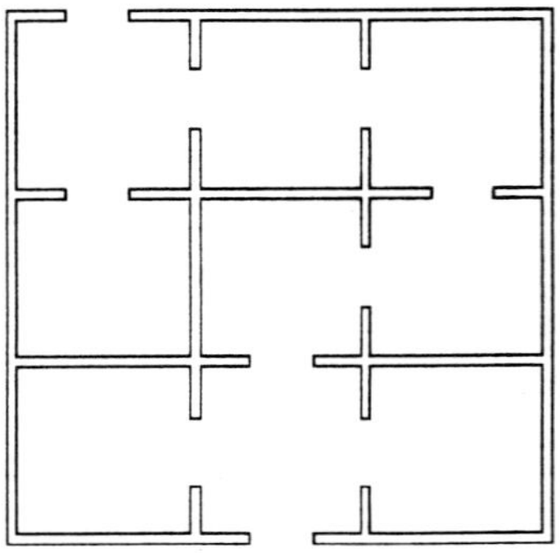

Anweisungen für einen Roboter

Es ist sicher nicht ganz leicht, eine Sammlung von Anweisungen zu erstellen, um jemanden durch einen Irrgarten zu leiten. Für einen Schildkrötenroboter müssen die Anweisungen besonders korrekt ausfallen, da er nur genau nach Befehl handeln und keine eigenen Entscheidungen treffen kann. Schreibe eine Befehlssammlung für einen Schildkrötenroboter, mit der er erfolgreich die Wege durch diese einfachen Irrgärten meistern kann.

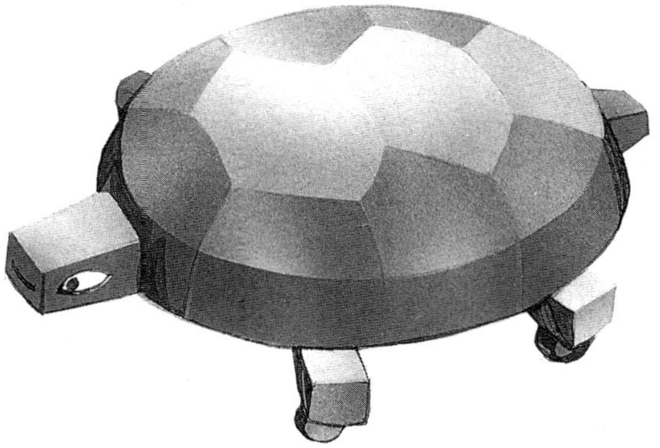

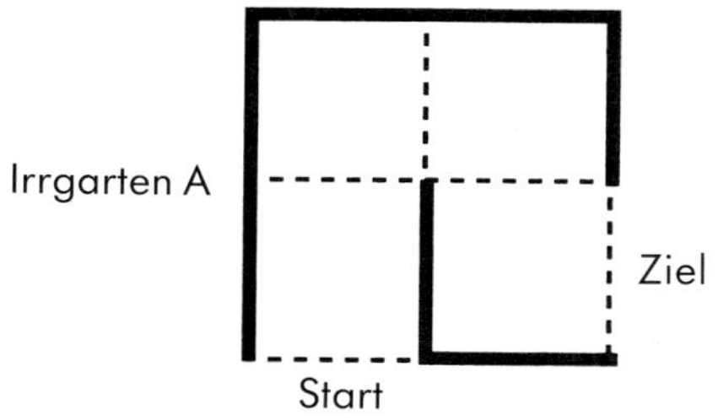

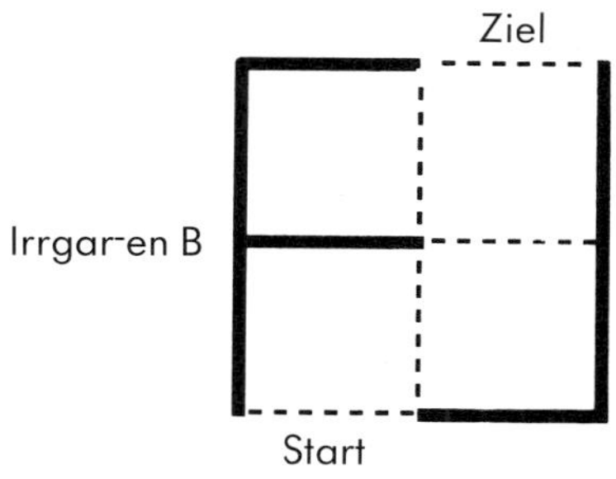

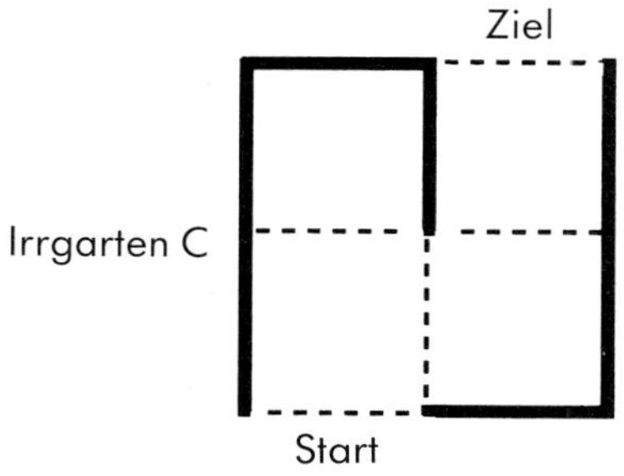

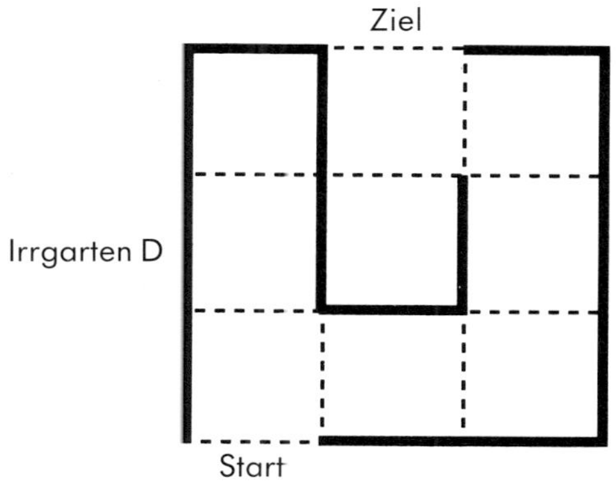

Du mußt Deine Anweisungen ganz sorgfältig überdenken. Du kannst voraussetzen, daß der Roboter unter der Anweisung „Zug“ einen Zug vorwärts von einem Quadrat in das nächste versteht. Andere hilfreiche Anweisungen könnten lauten:

Start

Ziel

Drehung nach rechts um 90°

Drehung nach links um 90°

Stehst Du einer Wand gegenüber?

Hast Du den Irrgarten verlassen?

Kontrolliere, ob Deine Sammlung von Anweisungen auch bei Irrgärten anderer Größe funktioniert.

Ein abenteuerliches Labyrinth

Bei starkem Sturm wurde Dein Schiff leckgeschlagen. Als Du wieder zu Dir kommst, befindest Du Dich am Strand einer einsamen Insel im Pazifik.
- Willst Du die Insel erkunden, schlage S. 3 auf.
- Möchtest Du ein Leuchtfeuer abbrennen, schlage S. 2 auf.

1

Du kletterst zu einem Aussichtspunkt auf der Klippe. Du bist gerade dabei ein Leuchtfeuer aufzuschichten, als Du ein lautes Geräusch im Gebüsch hinter Dir hörst.
- Wenn Du dem Geräusch nachgehen willst, schlage S. 4 auf.
- Wenn Du Dich entschließt zum Strand zu gehen, um mehr Holz zu sammeln, schlage S. 5 auf.

2

Als Du die Küstenlinie entlang wanderst, stößt Du auf einige Höhlen, in deren Dachgewölben Diamanten funkeln.
- Willst Du einige Juwelen sammeln, schlage S. 7 auf.
- Willst Du an den Platz, an dem Du gestrandet bist, zurückkehren, schlage S. 6 auf.
- Willst Du weiterwandern ohne in die Höhle zu gehen, schlage S. 8 auf.

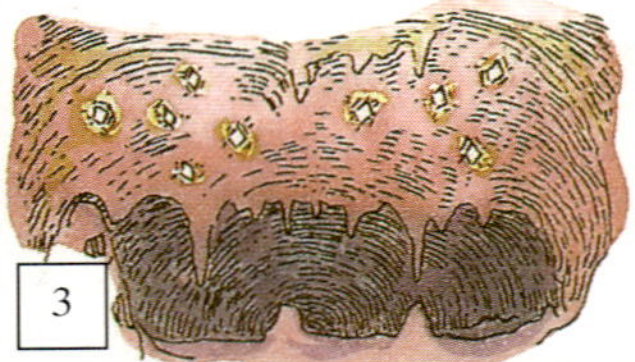

3

Tief im Unterholz folgst Du einem großen bärenartigen Tier auf einem seltsam weichen Weg.
- Willst Du den Weg weiterverfolgen, schlage S. 12 auf.
- Willst Du umkehren, schlage S. 13 auf.

4

Während Du so weitertrottest, kommt es Dir wie eine Ewigkeit vor. Plötzlich siehst Du Licht und rennst darauf zu.
- Schlage S. 2 auf.

9

Du findest Dich in einer riesigen Höhle wieder. Um Dich herum plätschert warmes Wasser. Du siehst unten leuchtende Seesterne herumschwimmen.
- Willst Du zum Licht zurückgehen, schlage S. 8 auf.
- Willst Du weiter vordringen, schlage S. 15 auf.

10

Am Ende des Strandes entdeckst Du einen Wasserfall, der sich über einen Felsvorsprung ergießt.
- Willst Du dem Fluß bis zu seiner Quelle folgen, schlage S. 15 auf.
- Willst Du erst einmal pausieren und am Strand über Deine Situation nachdenken, schlage S. 16 auf.

11

Der Weg führt zu einer Stadt hinter einem zauberhaften Schutzwall. Mutig gehst Du durch die Tore und bist auf ewig gefangen!

12

Ein Abenteuer erfinden

Zunächst mußt Du entscheiden, wie viele Seiten Deine Abenteuergeschichte haben soll. Für den Anfang empfehlen sich sechzehn Seiten.

Als nächstes mußt Du einen Entscheidungsplan entwerfen. Den Entscheidungsplan für die Geschichte von der einsamen Insel siehst Du rechts.

Wenn Du Dich auf die vielen verschiedenen Wege festgelegt hast, kannst Du mit dem Schreiben Deiner Geschichte beginnen. Schreibe zuerst nur stichwortartig, um sicherzustellen, daß die Geschichte auch funktioniert. Lege Deine sechzehn Miniblätter des gesamten Buches nebeneinander auf ein großes Blatt. Ist Deine Geschichte fertig, empfiehlt es sich, sie dem Leser als kleines Büchlein zu präsentieren, damit dieser nicht zu weit vorausschauen kann, um zu sehen, was im Falle einer falschen Entscheidung passieren würde! Du erhältst ein 16 seitiges Büchlein, wenn Du vier DIN A4 Blätter in der Mitte faltest und sie zusammenheftest. Sind Deine Geschichten weniger kompliziert, verwende weniger Seiten. Für kompliziertere Geschichten mußt Du noch Seiten hinzufügen.

Das Spiel einer Abenteuergeschichte ist wie ein Labyrinth, da Du Deinen Weg durch die Geschichte mit Entscheidungen einschlägst. Löse die untere Labyrinthgeschichte und erfinde dann ein eigenes Abenteuer.

Als Du die Klippe herunterkletterst, bemerkst Du, daß Du den falschen Weg eingeschlagen hast, der Dich ins Unterholz führt.
- Willst Du dem Weg folgen, schlage S. 12 auf.
- Willst Du versuchen, zurück zum Strand zu gelangen, schlage S. 14 auf.

5

Aus irgendeinem Grund hat Dich Dein kurzer Blick in die Höhle verwirrt. Du bemerkst, daß Du Dich von Deinem Landeplatz entfernst.
- Schlage S. 8 auf.

6

Je tiefer Du in die Höhle eindringst, desto schwieriger wird es, etwas zu erkennen. Die Juwelen waren eine Täuschung, vom hellen Licht, das die feuchten Steine reflektierten, hervorgerufen. Du gelangst an eine Weggabelung in der Höhle.
- Wenn Du nach rechts gehst, schlage S. 9 auf.
- Wenn Du nach links gehst, schlage S. 10 auf.

7

Du findest Dich in einer geschützten Bucht wieder. Am Strand liegt ein festgetäutes Boot.
- Willst Du das Boot nehmen, schlage S. 10 auf.
- Willst Du es ignorieren, schlage S. 11 auf.

8

Auf der Suche nach dem Strand kommst Du vom Weg ab und gelangst so auf einen anderen Teil der Insel. Eine kühle Lagune winkt Dir.
- Schlage S. 15 auf.

13

Es wird dunkel. Es war ein langer, aufregender Tag. Du findest Deinen ehemaligen Unterstand und beschließt auszuruhen.
- Schlage S. 1 auf.

14

Du befindest Dich an einem wunderschönen Ort. Es gibt einen reichlichen Vorrat an Früchten und Wasser. Es schwimmen viele Fische in der Lagune. Es ist so friedlich, daß Du Dich entschließt, diesen Ort zu Deinem Zuhause zu machen.

15

Du sitzt am Strand, als die Sonne untergeht. Plötzlich hörst Du Stimmen und schaust zum Meer. Du entdeckst das Rettungsboot mit anderen Überlebenden an Bord. Du bist wieder mit Deinen Freunden vereint und Ihr segelt nach Hause.

16

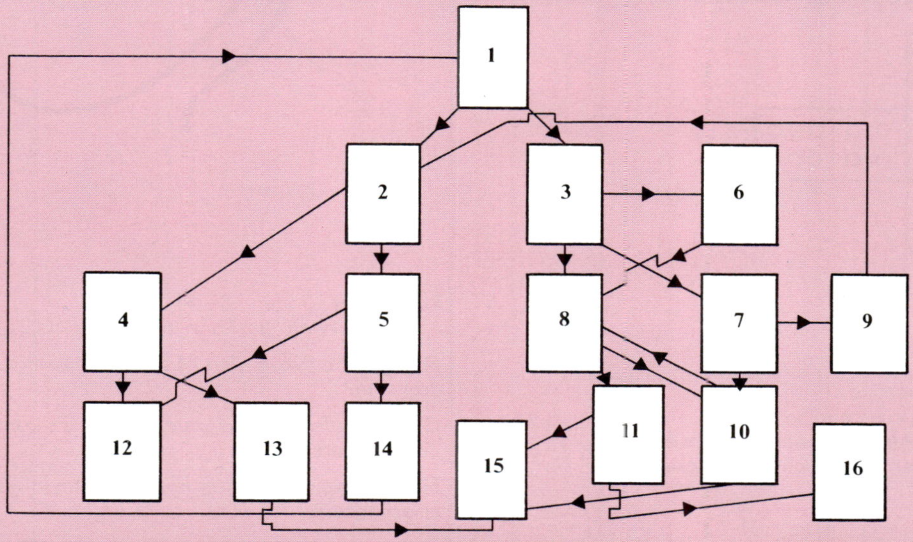

Einige Lösungen

Verschlungene Pfade (Seiten 10–11)
Das Schwein im Garten

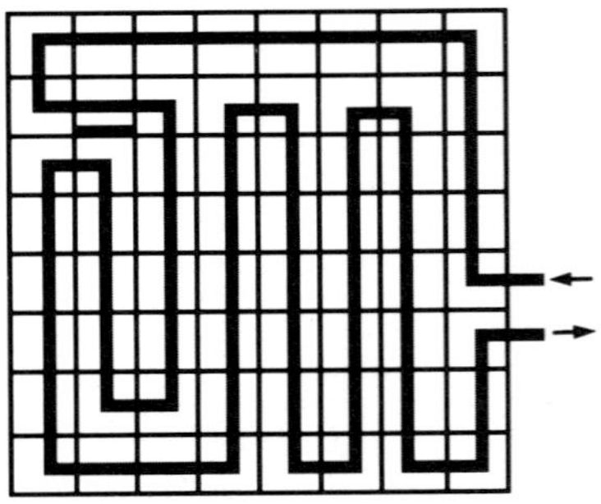

Die Katze und die Mäuse Es sind mindestens 12 Züge nötig.

Der Turm von London Die Abbildung zeigt den Weg von A.
Kannst Du nun die anderen Wege herausfinden?

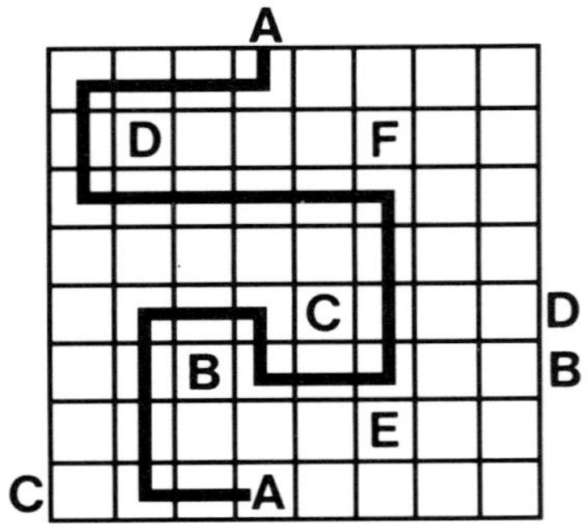

Zahlenwege (Seiten 12–13)
Rogue-Würfel Labyrinth Unten siehst Du das Netz eines Würfels. Stelle es Dir gefaltet vor. *Auf welche Summe addieren sich die gegenüberliegenden Seiten?*
Werfe nochmal einen Blick auf das Würfellabyrinth.

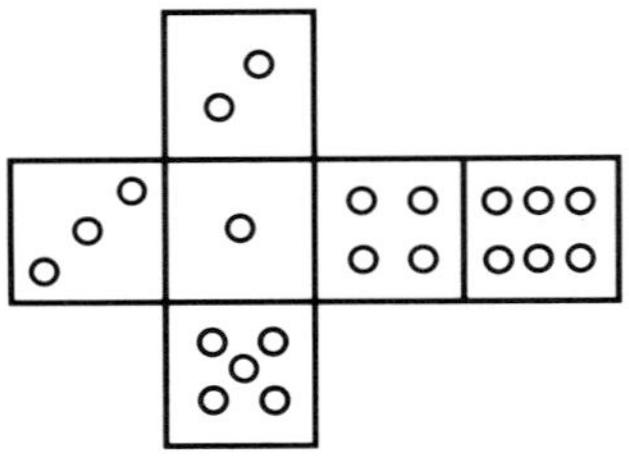

Wege hinein und Wege heraus
Die Primzahlen führen durch neun Sechsecke.
Die Vielfachen von 3 führen durch sieben Sechsecke.
Die Dreieckszahlen führen durch acht Sechsecke.

Innen oder Außen (Seiten 14–15)
Topologischer Trick 1

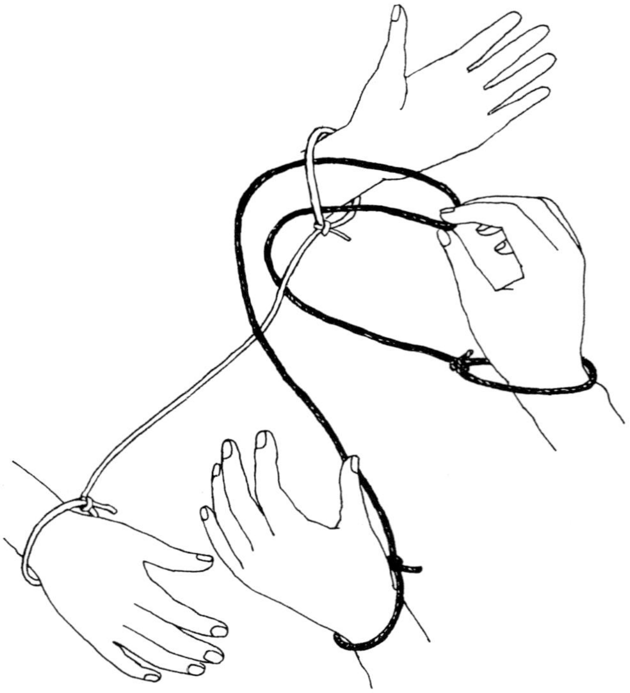

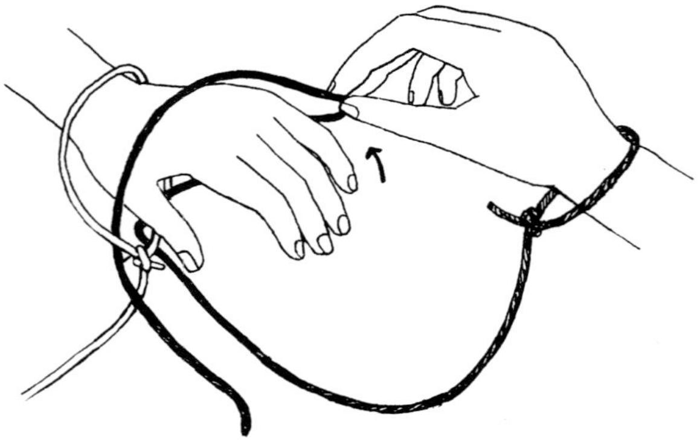

Bewegung (Seiten 18–19)
Kistenschieben Es kann in weniger als 22 Zügen erledigt sein.

Bewegliche Pyramiden Es kann in weniger als fünf Zügen erledigt sein.

Gleitende Tassen und Untertassen Es kann in weniger als 47 Zügen erledigt sein.

Ein merkwürdiges Interview Es kann in weniger als 18 Zügen erledigt sein.

Rätselhafte Labyrinthe (Seiten 22–23)
Lokomotiven verschieben

7, 6, 3, 7, 6, 1, 2, 4, 1, 3, 8, 1, 3, 2, 4, 3, 2

Der weiße Läufer Es werden mindestens 17 Züge benötigt.

Das mathematische Hochhaus (Seiten 24–25)
Schaue auf die unteren Zeichnungen. *Was verbindet sie?* Überprüfe Deinen Weg und vergewissere Dich, daß Du überall die richtigen Verbindungen gewählt hast.

Teile

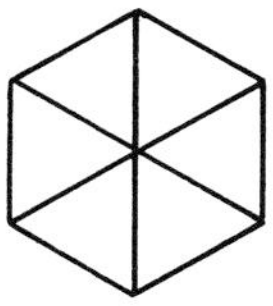

Teile

Seiten

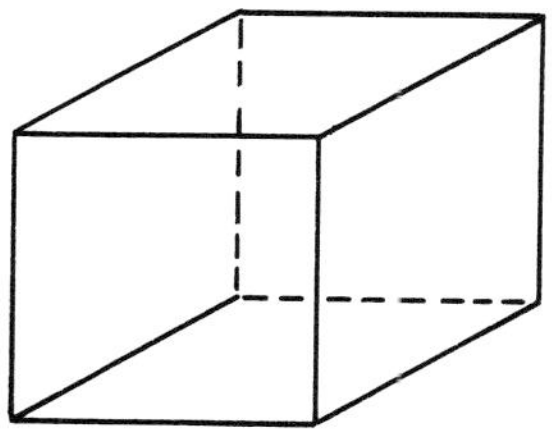

Kanten

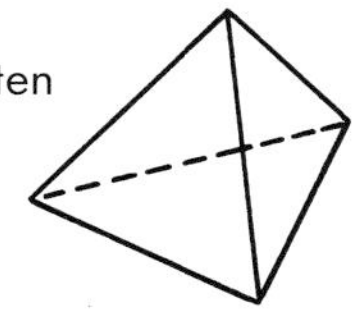

Inselwege (Seiten 28–29)
Waren verteilen Karte 1 ist falsch. Unten wurde eine Pfeilrichtung geändert, so daß man die Karte erfolgreich bereisen kann. *Erkennst Du welche?*

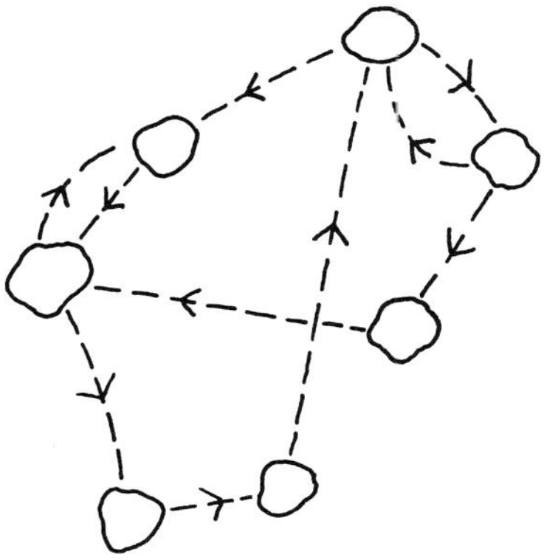

Schnur und Knoten (Seiten 34–35)
Knoten und Aufziehknoten Der Knoten wurde entknotet. *Findest Du heraus, welche beiden Kreuzungspunkte verändert wurden?* Lege den Knoten mit einer Schnur nach (Mit Klebeband kannst Du die Kreuzungspunkte fixieren) und überprüfe, ob es funktioniert. Entwerfe eigene Rätsel mit Hilfe einer Schnur.

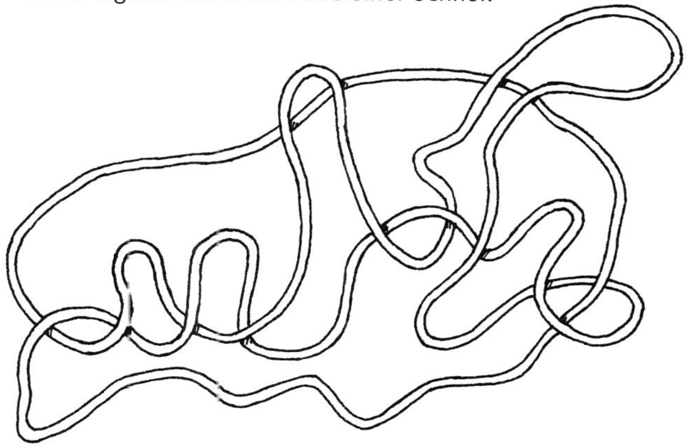

Rate Dich durch (Seiten 36–37)
In der Mitte des Rätsels: Die rechte Blume ist die richtige. Wenn Du erkennst warum, verdienst Du den großen Rätselorden!

Heckenlabyrinthe (Seiten 38–39)
Unentwirrbare Irrgärten Eine Methode, um durch alle Irrgärten zu gelangen:
Du notierst auf einem Blatt Papier was Du tust, während Du durch ein Labyrinth gehst. Du solltest Dir eine Methode ausdenken, wie Du die Stellen des Irrgartens markierst, die Du bereits passiert hast. Das System, das Du herausarbeiten wirst, entspricht nicht unbedingt dem kürzesten Weg.

Labyrinthspiele (Seiten 40–41)
Ein mathematischer Irrgarten Das Produkt der drei „Zutaten" ist unten für eine Spalte des Irrgartens gezeigt. *Welche Spalte ist es? Kannst Du den Irrgarten nun auflösen?*

51 55 3 7 5 10

Hier siehst Du einen Ausschnitt des Irrgartens von Longleat. Er ist das größte Heckenlabyrinth der Welt und wurde 1975 mit mehr als 16 000 englischen Eiben angelegt. Durch den faszinierenden dreidimensionalen Entwurf ist es recht schwierig, den rechten Weg zu finden.